EVA-MARIA DREYER

Basic

Früchte & Wildkräuter

92 ARTEN
einfach und sicher erkennen

KOSMOS

Schnell zur richtigen Art mit dem **KOSMOS-FARBCODE**

Der Kosmos-Farbcode erleichtert das Bestimmen von Wildkräutern, da er nach den Blütenfarben aufgebaut ist. Zur Orientierung in diesem Buch werden die 5 Grundfarben Weiß, Gelb, Rot, Blau und Grün/Braun verwendet. Aber Pflanzen halten sich nicht immer an diese Einteilung. Je nach Bodenbeschaffenheit gibt es Zwischentöne wie Rosa, Lila oder Violett. Diese sind immer bei der Farbe einsortiert, der sie am nächsten stehen. So zeigen violette Blüten Farbnuancen zwischen Rot und Blau. Sehen sie eher rotviolett aus, sind sie in der Hauptgruppe Rot einsortiert, erscheinen sie eher blauviolett, findest du sie in der Hauptgruppe Blau. Wenn du unschlüssig bist, schaust du bei beiden Grundfarben nach. Auch im Abschnitt »Wilde Früchte« sind die Arten nach der Farbe ihrer Frucht sortiert.

Weiß oder ein Hauch von Farbe

SEITE 6 BIS 31

Weiße Blüten

Die Farbgruppe Weiß umfasst neben reinweißen und cremeweißen Blüten wie beim Waldmeister auch Arten, deren Blüten eine andere Farbbeimischung haben.

⟶ So fallen an den weißen Blütenblättern des Waldsauerklees violette Adern und ein gelber Fleck am Grund auf.

⟶ Die Kamillenblüte besitzt weiße Zungenblüten um ein gelbes Zentrum aus Röhrenblüten.

⟶ Und die Wilde Möhre schmückt sich mit einer schwarzroten Einzelblüte in der Mitte eines weißen Blütenschirms.

Was heißt wie an einem Wildkraut?

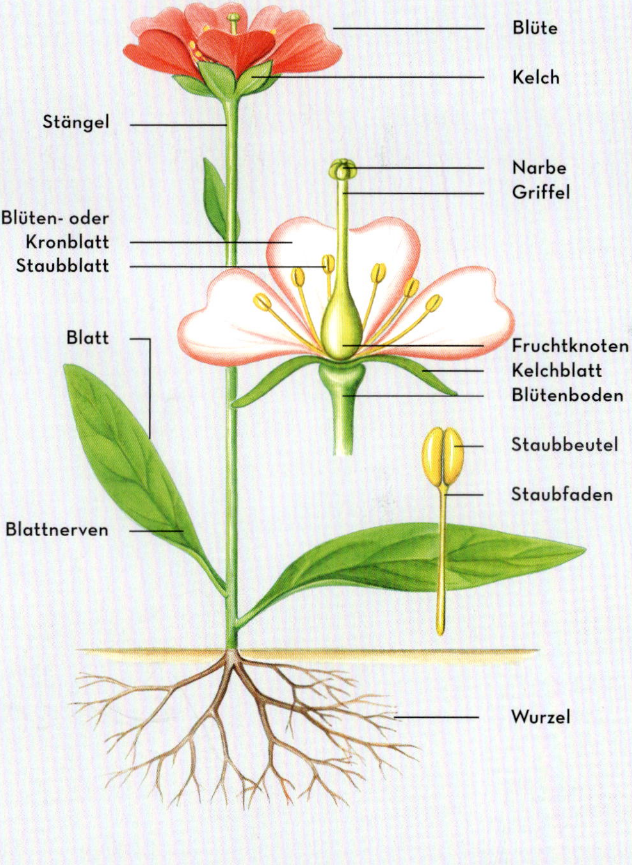

NABU
Giftfrei Gärtnern tut gut …
… Ihnen und der Natur.
Informieren Sie sich hier.
NABU/A. Wolff
Weitere Infos unter www.NABU.de/giftfrei

KURZINFO
Der Farbbalken hilft bei der Navigation durch das Buch.

SEITE 32 BIS 51

Gelbe Blüten

Die Farbe Gelb als Blütenfarbe ist meist recht klar zuzuordnen. Sie reicht von Blassgelb über Goldgelb bis hin zu kräftigem Dottergelb.
⟶ Aber auch in dieser Kategorie gibt es Arten, die gelbe Blüten mit anderer Farbbeimischung haben. So sind die Blütenblätter des Tüpfel-Johanniskrauts am Rand schwarz punktiert. Und die des Gilbweiderichs schimmern am Grund rötlich.

SEITE 52 BIS 69

Rote Blüten

Wildkräuter, die ganz eindeutig hochrot blühen wie der Klatschmohn, kommen in der heimischen Natur selten vor.
⟶ Die Farbgruppe Rot umfasst deshalb auch die Farbtöne Purpur, etwa bei der Großen Klette, Rosa wie bei dem bekannten Feldthymian oder Rotviolett wie bei Blutweiderich und Wilder Malve. Bei all den hier einsortierten Schattierungen überwiegt aber immer der Rotanteil in der Farbe.

SEITE 70 BIS 83

Blaue Blüten

Auch bei den blau blühenden Wildkräutern gibt es eine breite Skala unterschiedlicher Farbnuancen: Bekannt ist das Hellblau der Wegwarte, das kräftige Blau des Borretsch, das Tintenblau des Wiesensalbeis und auch das Blauviolett der Kleinen Braunelle oder des Gundermanns.
⟶ Ein Sonderfall ist das Lungenkraut: Seine Blüten verändern ihre Farbe mit dem Alter von Rosa bis Rot nach Blauviolett.
⟶ Auch das Wiesenschaumkraut verwirrt zuweilen: Diese Pflanze entwickelt neben den bekannten blassblauen Blüten manchmal auch weiße und rosa- bis lilafarbene.

Blau, aber auch helles und dunkles Violett

SEITE 84 BIS 91

Unauffälliges Grün oder Braun

Grüne und braune Blüten

In unserer heimischen Natur gibt es auch – aber selten – Wildkräuter mit grünen oder unscheinbar bräunlichen Blüten. Die bekannteste Art dieser Farbgruppe ist die Brennnessel.
⟶ Auch der Queller – eine Pflanze der Meeresküsten – mit seinen in die Zweige eingesenkten Blüten ist hier einsortiert.

ZUSATZINFO FRÜCHTE
Wilde Früchte zeigen das ganze Farbenspiel der Natur.

SEITE 92 BIS 121

Wilde Früchte

Der Kosmos-Farbcode ist auch auf die Bestimmung von Wildfrüchten anwendbar. Hier richtet er sich nach den Fruchtfarben. Zur Orientierung werden die 4 häufigsten Fruchtfarben Gelb/Orange, Rot, Blau/Schwarz und Braun verwendet.

⟶ Aber auch hier gibt es Abweichungen. Mal geht je nach Reifegrad Orange in Rot über, mal zeigt eine dunkelrote Frucht Farbnuancen von Blauschwarz.

⟶ Solltest du bei der Einordnung unschlüssig sein, schaue auch hier bei beiden in Frage kommenden Farben nach.

Bei Früchten hängt die Farbe auch vom Reifegrad ab.

WEISS BLÜHENDE KRÄUTER
schneller bestimmen

Die Pflanze, die du bestimmen möchtest, hat eine weiße Blüte. Wie gehst du nun weiter vor?

↓

Zähle die Blütenblätter.

↓

Dann blätterst du zu der Seite, ab der die Arten mit der entsprechenden Anzahl von Blütenblättern vorgestellt werden.

AB SEITE 8

Bis 4 Blütenblätter

Es gibt eine ganze Reihe weiß blühender Wildkräuter mit 4 Blütenblättern. Der bekannte Waldmeister gehört dazu, ebenso 2 Arten, die häufig verwechselt werden: die Brunnenkresse und das Bittere Schaumkraut.
⟶ Zur Unterscheidung hilft ein Blick auf die Staubbeutel: Die Brunnenkresse hat gelbe, das Bittere Schaumkraut violette Staubblätter.

AB SEITE 16

5 Blütenblätter

Die Gruppe der weiß blühenden Wildkräuter mit 5 Blütenblättern umfasst nicht nur

Arten mit gut sichtbaren 5 Kronblättern, wie etwa den Waldsauerklee, sondern auch eine Art, die eine falsche Zahl ihrer Kronblätter vortäuscht. So sind die scheinbar 10 Blütenblätter der Vogelmiere tatsächlich 5 tief eingeschnittene Blütenblätter.

AB SEITE 24

Mehr als 5 Blütenblätter

In dieser Kategorie sind nicht nur Wildkräuter aufgeführt, deren Blüten sichtbar mehr als 5 Blütenblätter besitzen wie etwa der Bärlauch.
⟶ Hierher gehören auch viele Arten aus der Pflanzenfamilie der Korbblütler, deren Blütenköpfe eigentlich aus vielen Einzelblüten (Röhren- und Zungenblüten) zusammengesetzt sind. Das bekannte Gänseblümchen ist ein gutes Beispiel hierfür.

AB SEITE 30

Zweiseitig-symmetrische Blüten

Zweiseitig-symmetrisch bezeichnet man in der Botanik Blüten, die aus 2 spiegelbildlichen Hälften bestehen. Dieser Blütentyp tritt v. a. bei Lippenblütlern auf.
⟶ Die häufige Weiße Taubnessel ist in diesem Buch die einzige aufgeführte Art dieser Kategorie.

Sehr lecker: frische, vor der Blüte gesammelte Blätter der Grundblattrosette →

Hirtentäschel

Capsella bursa-pastoris

Wuchshöhe 5–50 cm
Blütezeit Februar–November
Lebensraum Weg- und Feldränder, Gärten, brachliegende Bodenflächen. Eines der häufigsten Wildkräuter.
Sammeln Blätter, Blüten und auch die pfeffrigen Samen.
Geschmack Der Grundgeschmack der Pflanze ist kresseartig scharf. Er erinnert ein wenig an Rucola.

→ **VERWENDUNG Mit ihrer würzigen Note passen die Rosettenblätter vorzüglich in Salate, Quark- und Frischkäsemischungen, auch in Eierspeisen. Getrocknet ergeben sie einen Tee, der volksmedizinisch bei Leber- und Gallenleiden eingesetzt wird. Die beste Erntezeit ist vor der Blüte. Die scharf schmeckenden Samenkörner werden wie Senfkörner gemahlen und als Gewürz verwendet. Auch einen aromatischen Wildsenf kann man daraus zubereiten.**

Meerrettichwurzeln: dick und fleischig

Meerrettich

Armoracia rusticana

Wuchshöhe 60–120 cm
Blütezeit Mai–Juli
Lebensraum Wird seit alters gepflanzt und wächst verwildert in Unkrautbeständen von Weg- und Straßenrändern, auf Ödflächen besonders in Dorfnähe.
Sammeln Blätter und Wurzel.
Geschmack Scharf-würziger Grundgeschmack.

→ VERWENDUNG In alter Zeit, als Pfeffer für viele unerschwinglich war, nahm man Meerrettich als scharfes Küchengewürz. Und heute ist er immer noch sehr beliebt. Meerrettichwurzeln verleihen Fleisch und Fisch, Frischkäse und Quark eine intensive Schärfe. Als Apfelkren ist geriebener Meerrettich eine traditionelle Beigabe zu Wiener Tafelspitz. Auch von März bis Mai gesammelte Blätter würzen fein geschnitten Suppen und Gemüseeintöpfe.

Die Frucht: eine vierkantige, aufrecht gestellte Schote mit 6–8 Samen →

Knoblauchsrauke

Alliaria petiolata

Wuchshöhe 20–100 cm
Blütezeit April–Juni
Lebensraum Halbschattige Wald- und Wegränder, Heckensäume.
Sammeln Junge Blätter und Sprosse vor der Blüte; Blüten, Samen, Wurzeln. Die Wurzeln der zweijährigen Pflanze erntet man im Herbst des ersten Lebensjahrs, spätestens aber im darauffolgenden Frühjahr – auf jeden Fall noch ehe sich der Blütenstängel in die Höhe schiebt. Dann werden die Wurzeln hart und holzig.
Geschmack Blüten und Samen schmecken unerwartet pfeffrig-scharf, die Wurzeln erinnern im Geschmack an Meerrettich, der Geschmack der Blätter an eine zarte Mischung aus Knoblauch und Senf.

↑ Grundblätter lang gestielt, rundlich bis nierenförmig

↑ Würzen frisch und fein gehackt Quark: Blätter und Wurzeln

→ **VERWENDUNG** **Die Pflanze sollte ausschließlich frisch verwendet werden. Beim Kochen und auch beim Trocknen verliert sie ihren feinen Knoblauchgeschmack. Die jungen, vor der Blüte gesammelten Blätter und Sprosse würzen Salate, Gemüsesuppen, Quark- und Eierspeisen. Auch in Kräuterbutter und als Pesto kann man sie verwenden. Die Blüten eignen sich als würzige Dekoration für Speisen. Die reifen Samen werden wie Senfkörner verarbeitet. Die jungen, grünen, noch zarten Samenhülsen nimmt man frisch als Würzmittel. Und die Wurzel wird ähnlich wie Meerrettich als Gewürz verwendet.**

→ **DAS SCHMECKT** **Rauken-Crêpes: Eine Handvoll fein geschnittener junger Blättchen gibt herzhaften Pfannkuchen oder Crêpes eine ungewöhnliche Geschmacksnote.**

Blattquirl aus 6–8 langen, schmalen, zugespitzten Einzelblättern →

Waldmeister

Galium odoratum

Wuchshöhe 10–30 cm
Blütezeit März–Juni
Lebensraum Schattige Buchenwälder. Häufig.
Sammeln Man sammelt die oberirdischen Teile der Pflanze. Beste Sammelzeit ist kurz vor der Blüte oder bei Blühbeginn im April oder Mai.
Geschmack Die für den typischen Waldmeistergeruch und -geschmack verantwortlichen Cumarine werden erst nach dem Anwelken freigesetzt. Das Anwelken selbst sollte mindestens eine Stunde dauern.

→ **VERWENDUNG** **Waldmeister ist nicht essbar, aber ein ausgezeichneter Aromalieferant für Getränke wie Limonade, Apfelsaft, Wasser oder Milch. Auch Süßspeisen wie Eis, Kuchen oder Pudding und natürlich die bekannte Maibowle würzt er unvergleichlich.**

Blüten mit vierzipfeliger Blütenkrone und 4 Staubbeuteln →

Wiesenlabkraut

Galium mollugo

Wuchshöhe 25–100 cm
Blütezeit Mai–September
Lebensraum Nährstoffreiche Wiesen, Wald- und Wegränder, Gebüschsäume.
Sammeln Blätter und Triebspitzen während der gesamten Vegetationsperiode, die Blüten während der Blütezeit.
Geschmack Erinnert an eine Mischung aus Rucola und Kopfsalat.

→ VERWENDUNG Diese Pflanze ist aus der Wildkräuterküche nicht wegzudenken. Ihre jungen Blätter und Triebspitzen passen sehr gut in Salate, Pesto, Soßen und Gemüsegerichte. Die leicht süßlichen Blüten nimmt man zum Aromatisieren von Limonaden und anderen Getränken oder man streut sie als essbare Dekoration über Gerichte. Auch einen feinen Tee kann man aus ihnen zubereiten.

Blätter aus bis zu 4 Teilblättchenpaaren und einem vergrößerten Endblättchen →

Brunnenkresse

Nasturtium officinale

Wuchshöhe 20–80 cm
Blütezeit Mai–Oktober
Lebensraum Bildet in klaren Fließgewässern, an Bächen und Gräben große Bestände.
Sammeln Blätter und Triebe im zeitigen Frühjahr (am besten vor der Blüte), Blüten und Samen.
Geschmack Kresseartig scharf und leicht bitter.

→ VERWENDUNG Schon im Mittelalter war die Brunnenkresse ein beliebtes Winter- und Frühlingsgemüse. Ihre Blätter sind auch im Winter grün. Man genießt sie am besten frisch in Salaten, grünen Soßen, Quarkspeisen und Kräuterbutter. Gedünstet verlieren sie an Schärfe und Geschmack, weshalb man sie zu Suppen und Gemüsegerichten besser erst am Ende der Garzeit gibt. Die kleinen Samen nutzt man als pfefferähnliche Würze.

Im Unterschied zur Brunnenkresse mehr als 4, meist bis zu 7 Teilblattpaare →

Bitteres Schaumkraut

Cardamine amara

Wuchshöhe 10–60 cm
Blütezeit April–Juni
Lebensraum Bachufer, Gräben. Ist im Hinblick auf die Wasserqualität nicht so anspruchsvoll wie die Brunnenkresse.
Sammeln Vom Vorfrühling bis zur Blütezeit die jungen Blätter und Sprosse. Von Juli bis September die Samen.
Geschmack Manchmal kresseartig scharf wie Brunnenkresse, manchmal gewöhnungsbedürftig bitter. Vor der Verwendung empfiehlt sich eine Geschmacksprobe.

→ VERWENDUNG Blättchen und Sprosse kann man fein geschnitten in Salaten und Gemüsegerichten verarbeiten, aber auch über Frischkäsemischungen, Suppen und Aufläufe streuen. Die Samen passen als Gewürz in Salatsoßen. Gemahlen und mit Mehl vermischt, kann man daraus deftige Brote backen.

An Ufern: die ebenfalls essbare Wassermiere (Stellaria aquatica) →

Vogelmiere

Stellaria media

Wuchshöhe 3–40 cm
Blütezeit Januar–Dezember
Lebensraum Wächst als dichter, grüner Rasen an Wald- und Feldrändern, in Gärten und Parks.
Sammeln Die oberen Triebspitzen, Blätter und Blüten.
Geschmack Mild salatartig, erinnert an jungen Mais.

→ VERWENDUNG Die Vogelmiere ist eine der wenigen Pflanzen, die selbst im Winter an schneefreien Stellen zur Verfügung stehen. Am besten entfaltet sie ihren mild kopfsalatartigen Geschmack jedoch im Frühling. Blätter und Blüten sind essbar. Sie werden als spinatartiges Gemüse zubereitet sowie als Zutat für Frühlingssalate und für Brotaufstriche verwendet. Zusammen mit Giersch, Buttermilch und ein wenig Honig ergeben sie einen vitamin- und mineralstoffreichen Krafttrunk.

Nicht mit dem giftigen Buschwindröschen (Anemone nemorosa) verwechseln! →

Waldsauerklee

Oxalis acetosella

Wuchshöhe 5–12 cm
Blütezeit April–Mai
Lebensraum Feuchte Wälder und Gebüsche.
Sammeln Blätter vor der Blüte, Blüten.
Geschmack Zitronig-säuerlicher Grundgeschmack.

→ **VERWENDUNG Die zarten Frühlingsblätter bereichern ebenso wie die Blüten mit ihrem erfrischend säuerlichen Aroma Salate, Kräuterbutter und Quarkspeisen sowie Suppen und Soßen. Auch klein geschnitten auf einem Butterbrot schmecken sie. Nach der Blüte verliert der Sauerklee sein zitroniges Aroma. Wegen der enthaltenen Oxalsäure, die in größeren Mengen gegessen magenreizend wirkt, sollten Blüten und Blätter nur sparsam als Würze verwendet werden. Wer zur Bildung von Nierensteinen neigt, verzichtet besser ganz darauf.**

Blätter dreiteilig verzweigt →

Giersch

Aegopodium podagraria

Wuchshöhe 50–90 cm
Blütezeit Juni–August
Lebensraum Wegränder, Wald- und Gebüschsäume, Gärten.
Sammeln Junge Blätter im Frühling. Vorsicht: Blühende Pflanzen können leicht mit hochgiftigen Doppelgängern wie Geflecktem Schierling und Hundspetersilie verwechselt werden. Hier hilft ein genauer Blick auf die Blätter: Typisch für Gierschblätter ist ihr dreieckiger Blattstiel und ihre dreiteilige Verzweigung.
Geschmack Mild-würzig und möhrenartig.

→ VERWENDUNG Für viele Gartenbesitzer ist der Giersch nicht mehr als ein lästiges Unkraut. Dabei gibt es kaum ein besseres Wildgemüse. Früher verwendete man bei uns anstelle von Spinat würzige Gierschblätter. Sie sind auch eine ideale Zutat im Salat, in Gemüse, Soßen, Kräuterbutter und Limonaden.

Der giftige Gefleckte Schierling hat gefleckte Stängel, der Wiesen-Kerbel nicht →

Wiesenkerbel

Anthriscus sylvestris

Wuchshöhe 60–150 cm
Blütezeit Mai–Juli
Lebensraum Feuchte Wiesen, Weg- und Straßenränder.
Sammeln Blätter, Blattstängel, Blütenknospen. Vorsicht: Es gibt giftige Pflanzen mit einem ähnlichen Blütenstand und ähnlicher Blattform, z. B. den Gefleckten Schierling, den Heckenkälberkropf und die Hundspetersilie. Wer den Wiesenkerbel nicht eindeutig bestimmen kann, sollte ihn auf keinen Fall verwenden.
Geschmack Erinnert an eine Mischung aus Möhre, Anis und Kümmel.

→ **VERWENDUNG Dieses hochwertige Wildkraut ist in der Wildkräuterküche sehr geschätzt. Verwendet werden v. a. die aromatischen Blätter. Man nimmt sie als Würze für Salate, Suppen, Frischkäse und Kräuterbutter.**

Wilde Möhre

Daucus carota

Wuchshöhe 30–100 cm
Blütezeit Juni–September
Lebensraum Wiesen, Wegränder, Brachland.
Sammeln Blätter, Blüten, Samen, Wurzel (nur bei Pflanzen, die noch keinen Blütenstand ausgebildet haben, ist die Wurzel genießbar). Vorsicht: Wegen der Verwechslungsgefahr mit giftigen Doldengewächsen sollte man die Pflanze nur essen, wenn man sie eindeutig bestimmen kann.
Geschmack Ähnelt der bekannten Gartenmöhre, ist aber intensiver.

→ **VERWENDUNG Die Wilde Möhre gilt als Urform der Gartenmöhre. Ihre Wurzel ist roh oder gekocht essbar und wurde schon in der Steinzeit als Wildgemüse verwendet. Blätter, Blüten und Samen würzen Salate, Suppen und Gemüse.**

Kümmelsamen: ein herzhaftes Gewürz für Brot, Kartoffeln und Käse →

Wiesenkümmel

Carum carvi

Wuchshöhe 30–70 cm
Blütezeit Mai–Juli
Lebensraum Wiesen und Weiden, Wegränder.
Sammeln Die Blätter im April/Mai, die Samen von August bis September. Beim Sammeln bitte unbedingt Vorsicht vor Verwechslungen mit dem Gefleckten Schierling und der Hundspetersilie. Beide sind sehr giftig.
Geschmack Die jungen Blättchen schmecken aromatisch kümmelähnlich, allerdings viel milder. Die Samen schmecken wie Kümmel.

→ **VERWENDUNG Wiesenkümmel ist eines der ältesten Gewürze. Seine jungen Blättchen verleihen Salaten und Gemüsen eine würzige Note. Die Samen würzen neben Brot und Käse auch Kohlgerichte und Zwiebelkuchen.**

Schmecken auch roh im Müsli: die zarten, noch grünen Früchte →

Süßdolde

Myrrhis odorata

Wuchshöhe 50–120 cm
Blütezeit Mai–Juli
Lebensraum Aus Kultur verwildert, an Waldrändern und Heckensäumen, auf ortsnahem Brachland.
Sammeln Junge Blätter, Blüten, zarte, noch grüne Früchte. Vorsicht: Die Süßdolde ähnelt gefährlich giftigen Pflanzen wie der Hundspetersilie oder dem Gefleckten Schierling, macht aber mit einem intensiven Anisgeruch auf sich aufmerksam.
Geschmack Süß und anisartig.

→ VERWENDUNG Diese alte Gewürzpflanze stand früher in vielen Bauern- und Klostergärten. Die jungen Blätter, vor der Blüte geerntet, ergeben einen Tee mit einem mild anisartigen Aroma. Die Blüten aromatisieren Säfte und Limonaden. Die zarten, noch grünen Früchte verfeinern Obstsalate.

Typisch: kleine Teilblättchen zwischen den großen Fiederblättchen →

Mädesüß

Filipendula ulmaria

Wuchshöhe 100–150 cm
Blütezeit Juni–Juli
Lebensraum Wächst in Feuchtwiesen, an Ufern und Bachläufen.
Sammeln Geerntet werden die Blätter vor der Blüte sowie die Blüten.
Geschmack Mandelartiger Geschmack, honigartig süßer Geruch.

→ **VERWENDUNG Ihren Namen verdankt die Pflanze der Verwendung ihrer Blüten zum Aromatisieren von Met (Metsüß). Sie eignet sich aber auch als aromatische Zutat für Tee, Limonade, Milch, Saft und Likör. Auch in Süßspeisen wie Pudding und Eis macht sie sich gut. Aber: Man sollte die Pflanze nur sparsam verwenden, sonst schmecken Speisen und Getränke schnell unangenehm streng.**

Fallen durch ihren intensiven Knoblauchduft auf: Bärlauch-Bestände →

Bärlauch

Allium ursinum

Wuchshöhe 15–50 cm
Blütezeit April–Juni
Lebensraum Schattige Laub- und Auwälder.
Sammeln Gesammelt werden in erster Linie junge Blätter vor der Blüte. Verwendbar sind aber auch Knospen, Blüten und Zwiebeln. Vorsicht: Giftige Verwechslungsarten sind das Maiglöckchen, die Herbstzeitlose und der Aronstab. Sie alle verströmen jedoch keinen Knoblauchduft.
Geschmack Intensiv knoblauchartig.

→ **VERWENDUNG Bärlauch ist eine der bekanntesten Wildgemüsepflanzen. Seine Blätter passen in Salate, Suppen und Nudelgerichte, in Kräuterbutter und Kräuterquark. Auch Essig und Öl kann man mit ihnen aromatisieren. Verwendet wird Bärlauch am besten frisch. Auch eingefroren bleiben seine gesunden Inhaltsstoffe erhalten. Zum Trocknen eignet er sich nicht.**

Umrahmen gelbe Röhrenblüten: weiß- bis rosafarbene Zungenblüten →

Gänseblümchen

Bellis perennis

Wuchshöhe 5–15 cm
Blütezeit März–November
Lebensraum Wiesen, Wegränder, Garten- und Parkrasen.
Sammeln Blätter und Blüten.
Geschmack Mild-nussig, erinnert etwas an Feldsalat.

→ **VERWENDUNG Das Gänseblümchen steckt voller Mineralstoffe und Vitamine, seine gesunden Bitterstoffe regen unseren Stoffwechsel an. Seine im Frühling gesammelten Blätter gehören unbedingt in Wildsalate und Frühlingssuppen. Sie würzen fein geschnitten Kräuterquark und Frischkäse und ergeben gekocht mit anderen Wildkräutern ein hervorragendes Gemüse. Gänseblümchenöl schmeckt als Salatöl, eignet sich aber auch für die Hautpflege. Die Blütenknospen kann man als falsche Kapern einlegen.**

Typisch für die Echte Kamille: der kegelförmige, hohle Blütenboden →

Echte Kamille

Matricaria chamomilla

Wuchshöhe 15–20 cm
Blütezeit Mai–September
Lebensraum Feld-, Weg- und Straßenränder. Bildet auch auf Brachland manchmal große Bestände.
Sammeln Blätter, Blüten. Die Blüten sollte man erst dann pflücken, wenn die Zungenblüten nach unten umgeklappt sind. Dann sind sie besonders aromatisch.
Geschmack Der typische Kamillenduft ist nahezu allen geläufig, der Geschmack ist mild, fruchtig-süß.

→ **VERWENDUNG Kamillenblüten sind den meisten Menschen als krampflösender, entzündungshemmender Heiltee bekannt. Bereits die alten Ägypter wussten um diese Heilkraft. Heute ist die Wirksamkeit ihrer Inhaltsstoffe durch Studien belegt. Aber sie können noch mehr. Sie eignen sich auch zum Aromatisieren von**

↑ Blätter wechselständig, fiedrig geteilt, Teilblättchen haarförmig dünn

↑ Ergeben einen gesunden Tee: frische, aber auch getrocknete Kamillenblüten

Limonaden, Kräuterbowlen, ja selbst von Wein. Und sie sind eine gute Zutat für Salate und Süßspeisen. Zusammen mit Wodka, Wasser und Zucker ergeben sie einen Sirup, der sich zum Süßen von Tee eignet, aber auch als Aperitif getrunken werden kann. Junge Blätter und Blütenknospen passen fein gewiegt als Gewürz in Salate, sie sind eine gute Zutat beim Einlegen von Sauergemüsen und schmecken in vielen anderen Gerichten.

→ DAS SCHMECKT Für ein Kamillenöl gibt man 2 Handvoll Kamillenblüten in ein Glasgefäß, übergießt das Ganze mit 1 Liter Sonnenblumenöl und lässt diese Mischung an einem sonnigen Platz etwa 2 Wochen durchziehen. Anschließend filtert man den Ansatz durch ein Leintuch ab. Dieses Kamillenöl ist ein ausgezeichnetes Würzöl für Salate und hilft außerdem bei Magenbeschwerden.

Blütenköpfchen aus gelben Röhrenblüten und 4–6 weißen Zungenblüten →

Wiesenschafgarbe

Achillea millefolium

Wuchshöhe 20–80 cm
Blütezeit Juni–Oktober
Lebensraum Sonnige Wiesen, Weiden, Wegränder.
Sammeln Junge Blätter und Blüten. Vorsicht beim Ernten: Schafgarbensaft kann in Verbindung mit Sonnenlicht bei empfindlichen Menschen Hautreizungen hervorrufen.
Geschmack Herb bis bitter-scharf.

→ VERWENDUNG Die herb-würzige Note junger Schafgarbenblättchen passt gut in eine Frühlingssuppe, aber auch in Salate, Quark und Kräuterbutter. Auch Kräuteröl oder -essig und Gewürzsalz bereichert sie. Aus Blättern und Blüten kann man einen wunderbar wohltuenden Tee zubereiten oder einen Likör für kalte Wintertage ansetzen. »Bauchwehkraut« wird die Pflanze volkstümlich genannt, denn sie wirkt ähnlich wie die Echte Kamille entkrampfend bei Beschwerden an Magen und Darm.

5 weiße, weit auseinanderstehende Zungenblüten, viele gelbe Röhrenblüten →

Kleinblütiges Knopfkraut · Franzosenkraut

Galinsoga parviflora

Wuchshöhe 20–60 cm
Blütezeit Juni–Oktober
Lebensraum Ehemalige Zierpflanze aus Peru, wächst verwildert an Feldern, in Gärten, Weinbergen, auf ortsnahem Ödland.
Sammeln Blätter, Blütenknospen, Blüten.
Geschmack Salatartig mild-aromatisch.

→ **VERWENDUNG Die jungen Blätter, Blütenknospen und Blüten, von Mai bis September geerntet, werden in Salaten, Spinat und Suppen verarbeitet. Gemixt mit Gemüsesaft ergeben die Blätter ein erfrischendes Getränk. Gesund und vitalstoffreich ist es auch. Das Knopfkraut enthält sehr viel Eisen und Provitamin A. Sein Eisengehalt übertrifft den von Spinat um ein Vielfaches.**

Die Blätter: erinnern an die von Brennnesseln, besitzen aber keine Brennhaare →

Weiße Taubnessel

Lamium album

Wuchshöhe 20–50 cm
Blütezeit April–September
Lebensraum Häufig anzutreffen an Weg- und Waldrändern, auf Brachland.
Sammeln Blätter meist im Frühling, Blüten während der gesamten Blütezeit, Samen von Mai–September, Wurzeln im Herbst.
Geschmack Die frisch gezupften Blätter riechen ein wenig muffig, wenn man sie zwischen den Fingern zerreibt. Gekocht schmecken sie angenehm mild champignonartig, die Blüten honigsüß.

→ **VERWENDUNG Im Frühling gesammelte junge Blätter eignen sich für gemischte Salate, Smoothies, Suppen, Aufläufe und Spinatgemüse. Blätter für aromatische Teemischungen kann man während der gesamten Vegetationsperiode sammeln. Die süßen**

↑ Blätter herz-eiförmig, Blattrand gesägt

↑ Blüten in Quirlen oberhalb der Blattachseln

Blüten schmücken Obstsalate und Desserts, sie eignen sich auch zum Aromatisieren von Kräuterbutter. Aber die Farbe der Blüten hält sich auch im Kühlschrank nur für kurze Zeit, schon nach wenigen Tagen verfärben sie sich ins Bräunliche. Im Herbst ausgegrabene Wurzeln schmecken roh geknabbert und passen in Salate, Suppen und Gemüsegerichte. Aus den Samen kann man Keimlinge ziehen, auch ins Müsli gestreut schmecken sie.
Vorsicht: Am gleichen Standort wächst auch die in Blatt- und Blütenform ähnliche, aber wegen ihres unangenehmen Geruchs ungenießbare Schwarznessel. Volksnamen wie »Stinkandorn« oder »Gottvergess« deuten das an.

→ DAS SCHMECKT Ein Kräuterspinat aus Taubnesselblättern, gewürzt mit Bärlauch, Salz und Pfeffer, eignet sich gut als Füllung für herzhafte Pfannkuchen.

GELB BLÜHENDE KRÄUTER schneller bestimmen

Die Pflanze, die du bestimmen möchtest, hat gelbe Blüten. Wie gehst du nun weiter vor?

↓

Zähle die Blütenblätter.

↓

Dann blätterst du zu der Seite, ab der die Arten mit der entsprechenden Anzahl von Blütenblättern vorgestellt werden.

AB SEITE 34

Bis 4 Blütenblätter

Kreuzblütler wie das Barbarakraut haben eine ganz typische Blütenform. Die Blüten zeichnen sich durch 4 kreuzweise angeordnete Blütenblätter und 6 Staubblätter aus, 4 lange und 2 kurze. Die 4 Kelchblätter stehen kreuzweise versetzt zu den 4 Kronblättern. Dieser einheitliche Blütenbau kommt bei keiner anderen Pflanzenfamilie vor.

AB SEITE 36

5 Blütenblätter

Das Gänsefingerkraut ist ein typischer Vertreter dieser Gruppe. Seine Blüten sind ausgebreitet, die Blütenblätter leicht zu erkennen und zu zählen.
⟶ Bei Gilbweiderich und Pfennigkraut, 2 Primelgewächsen, sind die 5 Kronblätter zwar an der Basis verwachsen, die 5 Kronblattzipfel sind aber dennoch gut zu erkennen.

AB SEITE 42

Mehr als 5 Blütenblätter

Eine Vielzahl der in dieser Kategorie vertretenen Arten gehört in die Pflanzenfamilie der Korbblütler. Ausschlaggebend für diesen Namen ist der korbähnliche Blütenstand. Alle Arten besitzen ein Blütenkörbchen oder -köpfchen. Viele Einzelblüten stehen darin dicht zusammengedrängt und wirken wie eine große Blüte. Manchmal sind es nur Zungenblüten, manchmal nur Röhrenblüten, manchmal eine Kombination aus beiden.
⟶ Die bekanntesten Vertreter dieser Pflanzenfamilie sind der Löwenzahn und der Huflattich.

Vorsicht, sehr ähnlich: Blattrosette des giftigen Roten Fingerhuts (Digitalis purpurea) →

Nachtkerze

Oenothera biennis

Wuchshöhe 50–150 cm
Blütezeit Juni–August
Lebensraum Wegränder, Bahndämme, Ödflächen.
Sammeln Blätter und Wurzeln im April/Mai, Blüten zur Blütezeit, Samen von August–November.
Geschmack Blätter: erinnern an eine Mischung aus Mangold und Spinat, Blüten: süßlich, Wurzel: erinnert im Geschmack an Schwarzwurzeln.

→ VERWENDUNG Die Pflanze hat eine zweijährige Entwicklungszeit. Im ersten Lebensjahr bildet sie nur eine Blattrosette am Boden, keine Blütenstängel. Blätter und v. a. die Wurzel werden nur von solchen Jungpflanzen gesammelt. Die Blätter nutzt man am besten gekocht, die Blüten als Tee. Die Wurzel wird zu Gemüse verarbeitet, auch zu Salaten und kräftigen Suppen, oder sie wird in Scheiben geschnitten und gebraten.

Rosettenblätter aus 3–5 Paaren länglicher Fieder- und 1 rundlichen Endblättchen →

Barbarakraut

Barbarea vulgaris

Wuchshöhe 20–90 cm
Blütezeit April–Juni
Lebensraum Weg- und Feldränder, Bachufer, Gräben.
Sammeln Blattrosetten und Wurzeln: im Frühling; Knospen/ Blüten: April–Juni; Samen: ab Juli bis in den Herbst.
Geschmack Kresseartig, leicht pfeffrig. Die Blütenknospen erinnern an Brokkoli.

→ VERWENDUNG Mit den Blattrosetten würzt man Kräuterbutter, Bratkartoffeln, Fleischsoßen, Mischgemüse und Salat. Sie sollten aber immer frisch verwendet werden, getrocknet verlieren sie viel von ihrem Geschmack. Blütenknospen und Blüten kann man wie Brokkoligemüse zubereiten, sie können aber auch anderen Wildgemüsegerichten beigefügt werden. Die Samen ergeben ein würziges Öl.

Blätter auf der Unterseite silbrig behaart →

Gänsefingerkraut

Potentilla anserina

Wuchshöhe Teppichartig wachsende Pflanze. Stängel 5–15 cm lang
Blütezeit Mai–August
Lebensraum Weg- und Straßenränder, Bahndämme, Brachland.
Sammeln Blätter: April–Mai, Wurzeln: September–Oktober.
Geschmack Die Wurzeln schmecken nach einer Mischung aus Möhre und Pastinake, die Blätter leicht säuerlich, nach der Blüte jedoch unangenehm herb.

→ VERWENDUNG Die Blätter nutzt man roh in Salaten, in Öl gedünstet als Gemüse oder in Suppen. Sie eignen sich auch für einen wohlschmeckenden Tee. Die nussig-süß schmeckende Wurzel kann man roh in Salate raspeln oder als Backgemüse oder in Gemüseeintöpfen genießen.

Beim Zerreiben der Blüten tritt ein Saft aus, der die Finger rot färbt →

Tüpfel-Johanniskraut

Hypericum perforatum

Wuchshöhe 30–80 cm
Blütezeit Juni–September
Lebensraum Gebüsch- und Waldränder, magere Wiesen, sonnige Böschungen.
Sammeln Triebspitzen und Blätter: März–Mai; Blüten zur Blütezeit. Vorsicht: Giftige Doppelgänger der Pflanze sind Greiskraut-Arten.
Geschmack Die Blüten zart-süßlich, Blätter und Triebspitzen herb-aromatisch.

→ VERWENDUNG Im zeitigen Frühjahr schmecken Blätter und Triebspitzen in Salaten und Eierspeisen. Später nimmt man sie zum Aromatisieren von Ölen, Kräuterweinen und Bitterlikören. In Küche und Heilkunde stellt man aus Blüten und Pflanzenöl das bekannte Johanniskraut-Rotöl her, ein für Magen und Darm sehr gesundes Salatöl.

Wächst flach kriechend über den Boden →

Pfennigkraut

Lysimachia nummularia

Wuchshöhe 5–30 cm
Blütezeit Juni–Juli
Lebensraum Wächst teppichartig an Wegrändern, auf Wiesen, in Gärten und an Ufern, grundsätzlich an gut mit Feuchtigkeit versorgten Standorten.
Sammeln Die Blüten im Juni/Juli, die Blätter während der gesamten Vegetationsperiode.
Geschmack Spargelartig, leicht bitter.

→ VERWENDUNG Fein gehackt eignen sich die Blätter für Salate, Gemüse, Kräuterbutter und Kräuterquark oder einfach auf ein Butterbrot gestreut. Die Blüten sind als essbare Speisedekoration vielseitig einsetzbar. Blätter und Blüten ergeben zusammen einen schmackhaften Kräutertee.

Einzelblüte mit 5 ovalen Blütenblättern und 5 behaarten Staubblättern →

Gilbweiderich

Lysimachia vulgaris

Wuchshöhe 60–150 cm
Blütezeit Juni–August
Lebensraum Moorwiesen, Gräben, Ufer, Auwälder.
Sammeln Blätter: im April; Blüten: Juni–August.
Geschmack Der Grundgeschmack ist fein säuerlich erfrischend, er erinnert ein wenig an Sauerampfer.

→ VERWENDUNG Wer unterwegs gerne ein Sauerampferblättchen probiert, dem schmecken sicher auch die Blätter des Gilbweiderichs. Fein gehackt bereichern sie Frühjahrskräutersuppen und Gemüsegerichte, passen auch als Beigabe zu Gemüsefüllungen aller Art und kurz blanchiert in Quark und Frischkäse. Die Blüten streut man in kleinen Mengen über Brotaufstriche und kalte Platten.

Blüten mit 5 verwachsenen Kronblättern, →
2 langen und 3 kurzen Staubblättern

Großblütige Königskerze

Verbascum densiflorum

Wuchshöhe 50–250 cm
Blütezeit Juli–September
Lebensraum Wegränder, sonnige Wiesen, Ödland.
Sammeln Blüten.
Geschmack Angenehm mild und leicht süßlich.

→ VERWENDUNG Königskerzenblüten nimmt man gerne als Dekoration für Salate und Desserts, aber auch zum Aromatisieren von Tee, Limonade und Sirup. Will man die Blüten in einem Obstsalat roh genießen, sollte man unbedingt die Staubbeutel herausknipsen. Sie schmecken kratzig und reizen den Hals. Blüten in Eiswürfeln eingefroren sind ein Hingucker in sommerlichen Getränken. Die beste Zeit zum Sammeln ist der Vormittag. Bereits am Mittag werden die Blüten schlaff.

Blatt aus bis zu 15 eiförmigen, ungleichmäßig gesägten Teilblättchen →

Wiesenpastinak

Pastinaca sativa

Wuchshöhe 30–100 cm
Blütezeit Juli–September
Lebensraum Wegränder, Straßenböschungen, Steinbrüche.
Sammeln Blätter, Blütenknospen und Blüten, Samen und Wurzeln. Vorsicht: Wegen der Verwechslungsgefahr mit giftigen Doldenblütlern wie dem Heckenkälberkropf bitte nur bei sicherem Erkennen verwenden.
Geschmack Eine süßliche Mischung aus Möhre, Sellerie und Petersilie.

→ **VERWENDUNG Der wild wachsende Bruder unserer gezüchteten Pastinake ist in allen Teilen sehr gesund. Blätter, Blütenknospen, Blüten und Wurzeln schmecken roh in Salaten und würzigen Quarkspeisen, aber auch gekocht in Suppen und Soßen.**

In der Mitte der grundständigen Blatt-rosetten: schmackhafte Blütenknospen →

Löwenzahn

Taraxacum sect. Ruderalia

Wuchshöhe 5–40 cm
Blütezeit April–Juni
Lebensraum Nährstoffreiche Wiesen, Wegränder, Gärten.
Sammeln Junge Blätter: März–April, Blüten: April–Juni; Wurzel: im Herbst.
Geschmack Die vom Kelch befreiten Zungenblüten schmecken leicht süßlich, honigartig, die jungen Blätter und die Wurzel chicoréeartig bitter.

Aufgepasst: Der Sammelort ist wichtig! Löwenzahn ist nicht sehr wählerisch in Bezug auf seinen Standort. Er wächst auf stark gedüngten Wiesen, an gespritzten Ackerrändern, sogar durch Pflasterritzen in der Stadt. Beim Sammeln von Blättern und Blüten ist es daher sehr wichtig, auf unbelastete, naturbelassene Standorte zu achten.

↑ Regen Galle, Leber und Magen an: ie Bitterstoffe der Wurzel

↑ Eignet sich auch zum Ansetzen eines Magenbitters: die Löwenzahnwurzel

---

→ VERWENDUNG **Neben Giersch und Brennnesseln gibt es kaum ein vielseitigeres Wildkraut als den Löwenzahn. Wurzel, Blätter und Blüten sind essbar. Gerichte aus Blättern und Wurzeln schmecken oft ein wenig bitter. Am mildesten sind die jungen Blätter vor der Blütezeit. Je älter sie sind, umso bitterer werden sie. Jung passen sie in Salate, Suppen und als Gemüse. Die Blüten nimmt man für Tee, Wein, Likör, Gelee oder Sirup. Die Wurzeln eignen sich als leicht bitteres Gemüse. Geröstet ergeben sie einen würzigen Wildkaffee.**

→ DAS SCHMECKT **Löwenzahnknospen in Butter: Die noch geschlossenen Blütenknospen sind in Butter geröstet eine delikate Suppeneinlage. Gewürzt werden sie mit etwas gedünsteter Zwiebel, Knoblauch, Salz und Pfeffer.**

Umfassen den Stängel mit pfeilförmig zugespitzten Läppchen: die Blätter →

Kohlgänsedistel

Sonchus oleraceus

Wuchshöhe 30–90 cm
Blütezeit Juni–Oktober
Lebensraum Wegränder, Brachland, Gärten.
Sammeln Junge Blätter, Blütenknospen, junge Stängel von April bis Oktober.
Geschmack Junge Blätter schmecken süßlich, erinnern ein wenig an Kopfsalat, ältere Blätter und Stängel sind wegen des enthaltenen Milchsafts eher leicht bitter. Sie sollten vor der Zubereitung klein geschnitten und in warmem Wasser ausgespült werden.

→ VERWENDUNG Gemüse-Gänsedistel wurde die Pflanze früher genannt, ein Hinweis auf ihre damalige Nutzung. Junge Stängel, Blätter und Knospen sind eine gute Grundlage für Salate, Suppen und Gemüse.

Sehr vielgestaltige Blätter – von ungeteilt bis tief gespalten →

Kohlkratzdistel

Cirsium oleraceum

Wuchshöhe 50–150 cm
Blütezeit Juni–September
Lebensraum Wächst bevorzugt in Feuchtwiesen, an Ufern, Gräben.
Sammeln Blätter/Stängel: April–Juni; Blüten: Juni–September; Wurzel: Herbst–Winter.
Geschmack Die junge Pflanze schmeckt angenehm mild und zart, erinnert an Kopfsalat.

→ VERWENDUNG Eine in allen Teilen nutzbare Pflanze. Blätter und geschälte Stängel können roh in Salaten, gekocht in Suppen und Gemüsegerichten verarbeitet werden. Wer sie roh essen will, sollte allerdings den stacheligen Blattrand abschneiden. Die geschälten Wurzeln werden als Pfannen-, Koch- oder Backgemüse verwendet.

Nach starken Regenfällen freigespülte Wurzeln samt Wurzelknöllchen →

Scharbockskraut

Ranunculus ficaria

Wuchshöhe 5–20 cm
Blütezeit März–Mai
Lebensraum Auwälder, Laubwälder, feuchte Wiesen.
Sammeln Blätter: Februar–März; Brutknospen: Mai–Juni.
Geschmack Die Blätter schmecken frisch säuerlich, die Brutknöllchen mild-nussig.

→ VERWENDUNG In den ersten Frühlingstagen schmecken die jungen, frischen Blätter sehr gut im Salat, in Suppen, Gemüse und Quark, auch fein geschnitten auf einem Butterbrot. Aber Vorsicht: Die Blätter sollten stets vor der Blüte gesammelt werden. Danach lagern sie das schwach giftige Protoanemonin ein und schmecken unangenehm scharf. Die Brutknospen mischt man unter Gemüsegerichte. Vorsicht: Die Blätter des Scharbockskrautes ähneln denen der giftigen Haselwurz. Einfaches Unterscheidungsmerkmal: Die Haselwurz bildet keine Wurzelknöllchen.

Nach der Blüte: bis zu 20 cm große, gezähnte Blätter, unterseits weißfilzig →

Huflattich

Tussilago farfara

Wuchshöhe 10–20 cm
Blütezeit Februar–April
Lebensraum Weg- und Feldränder, Brachland.
Sammeln Blüte/Stängel: März–April; Blätter: Mai–Juli. Aber weil die Pflanze leberschädigende Pyrrolizidinalkaloide enthält, sollte sie nach aktuellen Empfehlungen nur gelegentlich verwendet werden.
Geschmack Mildwürziger Grundgeschmack, die Stängel erinnern an grünen Spargel.

→ VERWENDUNG Huflattich wird seit alters als Heil- und Nahrungspflanze genutzt. Die jungen Blätter eignen sich als Zugabe in Salaten, Suppen oder Gemüse. Ältere Blätter nutzt man nur gekocht, z. B. wie Kohlblätter für Rouladen. Vorsicht: Die rötlich blühende, schwach giftige Pestwurz hat ähnlich geformte, aber deutlich größere und deutlicher gezähnte Blätter.

Kugelige, apfel- oder birnenformige Knollen, etwa so groß wie Kartoffeln →

Topinambur · Erdbirne

Helianthus tuberosus

Wuchshöhe 100–250 cm
Blütezeit August–Oktober
Lebensraum Herkunft Nordamerika, in Europa kultiviert, verwildert, heute eingebürgert. Wächst an Waldrändern, Flussläufen, Feuchtgebieten.
Sammeln Blüten: August–Oktober; Knollen: Oktober–März.
Geschmack Ähnlich wie Kartoffeln, aber süßer.

→ VERWENDUNG Topinamburknollen können ab Oktober aus der Erde geholt werden und sollten möglichst bald nach der Ernte verbraucht werden. Man genießt sie roh in Salaten, gekocht, frittiert, püriert, überbacken oder gebraten. Die gelben Zungenblüten nutzt man als essbare Dekoration oder als Beigabe in Teemischungen.

Blüten: nur vormittags geöffnet, ab Mittag und bei trübem Wetter geschlossen →

Wiesenbocksbart

Tragopogon pratensis

Wuchshöhe 30–70 cm
Blütezeit Mai–Juli
Lebensraum Häufige Pflanze der Wiesen und Wegränder.
Sammeln Junge Blätter/Triebspitzen bis zur Blütezeit, Blüten, Wurzeln bis April. Sobald sich der Blütenstängel bildet, werden sie holzig.
Geschmack Junge Blätter schmecken chicoréeähnlich leicht bitter, die Wurzeln erinnern an Schwarzwurzeln.

→ VERWENDUNG Die Wurzel der auch als »falsche Schwarzwurzel« bekannten Pflanze kann wie Gemüse gedünstet werden, aber auch roh, gerieben oder fein geschnitten einem Salat beigemengt werden. Junge Blätter passen roh in Salate, sie schmecken auch gedünstet als Gemüse.

Blütenkörbchen mit gelbbraunen Röhrenblüten →

Beifuß

Artemisia vulgaris

Wuchshöhe 60–160 cm
Blütezeit Juni–September
Lebensraum Weg- und Straßenränder, Brachland, bevorzugt auf leicht feuchten Böden.
Sammeln Blätter: April–Mai; Blütenrispen (am besten im Knospenstadium): Juni–September.
Geschmack Süßlich bis bitterwürzig.

→ VERWENDUNG Der Beifuß enthält Bitterstoffe und ätherische Öle und wird v. a. als verdauungsförderndes Gewürz genutzt. Mit Blättern und Blütenknospen – frisch oder getrocknet – werden fette Speisen gewürzt, hauptsächlich Enten-, Gänse-, Lamm- und Schweinebraten. Sehr fein schmeckt ein Kräuterschmalz aus Gänsefett, Sonnenblumenöl, Röstzwiebeln und getrocknetem Beifuß. Die jungen, im Frühling gesammelten Blätter würzen auch Salate, Suppen und Eierspeisen.

Blätter unten am Stängel: kleine, paarige Seitenlappen, 1 großer Endlappen →

Rainkohl

Lapsana communis

Wuchshöhe 30–100 cm
Blütezeit Juni–September
Lebensraum Wächst verbreitet an Waldrändern, auf Brachland, in Gärten.
Sammeln Blätter: April–Mai; Blüten: Juni–September.
Geschmack Herb, erinnert an eine Mischung aus Chicorée und Kohl.

→ VERWENDUNG Die etwas herb schmeckenden Blätter werden noch vor der Entwicklung des Blütenstängels gesammelt und Suppen und Gemüsegerichten beigefügt. Sie schmecken aber auch in Eierspeisen und zusammen mit Cocktailtomaten und Minigurken im Salat. Die hellgelben Blüten eignen sich als essbare Dekoration, außerdem passen sie frisch aufgeblüht oder als Knospe in Salate.

ROT BLÜHENDE KRÄUTER
schneller bestimmen

Die Pflanze, die du bestimmen möchtest, hat rote Blüten. Wie gehst du nun weiter vor?

↓

Zähle die Blütenblätter.

↓

Dann blätterst du zu der Seite, ab der die Arten mit der entsprechenden Anzahl von Blütenblättern vorgestellt werden.

AB SEITE 54

Bis 4 Blütenblätter

Hier ist, was vielleicht etwas verwirrt, auch die Wasserminze einsortiert. Lippenblütler wie sie gehören eigentlich in die Kategorie der zweiseitig-symmetrischen Blüten. Aber die Kronblätter der Wasserminze sind unterschiedlich stark verwachsen, dadurch wird die Oberlippe der Blüte so groß wie jeder der 3 Lappen der Unterlippe – die Blüte erscheint vierzählig.

AB SEITE 60

5 Blütenblätter

In dieser Kategorie sind nur 2 essbare Pflanzen aufgeführt: Die Wilde Malve mit ihren 5 auffälligen Kronblättern ist leicht zu erkennen. Bei den im Durchmesser nur etwa 2,5 mm kleinen Blüten des Vogelknöterichs erfordert das Erkennen der Blütenblätter dagegen einen gründlichen Blick.

AB SEITE 62

Mehr als 5 Blütenblätter

Lauchgewächse wie der Kohllauch sind hier einsortiert, aber auch Korbblütler wie die Große Klette. Die auffälligen Blüten des Kohllauchs besitzen 6 rötlich weiße Blütenblätter, die am Ende eines langen, hängenden Blütenstiels eine Glocke bilden.

⟶ Charakteristisch für Kletten sind die in mehreren Kreisen um das Blütenköpfchen angeordneten grünen Hüllblätter mit hakiger Spitze.

AB SEITE 66

Zweiseitig-symmetrische Blüten

Als zweiseitig-symmetrisch werden in der Botanik Blüten bezeichnet, die aus 2 spiegelbildlichen Hälften bestehen.

⟶ Das trifft in dieser Gruppe auf Dost und Feldthymian zu, aber auch auf den Rotklee.

Reifen in einer dicken, eiförmigen Kapsel: die Samen →

Klatschmohn

Papaver rhoeas

Wuchshöhe 30–90 cm
Blütezeit Mai–Juli
Lebensraum Getreidefelder, Wegränder, Brachflächen.
Sammeln Junge Blätter: April; Blüten: Mai–Juli; Samen: August.
Geschmack Blätter und Blüten: süßlich-mild; Samen: nussig, geröstet mandelartig.

→ VERWENDUNG Junge Blätter werden roh im Salat verwendet oder wie Spinat gedünstet. Die Blütenblätter sind bekannt für ihre Färbewirkung. Man nutzt sie in Teemischungen, zum Färben von Limonaden, Bowlen und Likören, Reisgerichten und Süßspeisen aller Art. Kandiert sind sie eine feine Nascherei. Die getrockneten Samen sind ein gutes Backgewürz. Geröstet, gemahlen und mit Meersalz gemischt ergeben sie ein nach Mandeln schmeckendes Würzsalz.

Typisch: Blüte mit 4 rosa-purpurfarbenen Kron- und dunkleren Kelchblättern →

Schmalblättriges Weidenröschen

Epilobium angustifolium

Wuchshöhe 60–120 cm
Blütezeit Juli–August
Lebensraum Waldlichtungen, Ufer.
Sammeln Junge Blätter und Stängel: April–Juli; Blütenknospen und Blüten: Juli–August; Wurzel: März–April.
Geschmack Junge Blätter schmecken feldsalatartig, ältere eher herb, die Wurzeln süßlich-scharf, die Blüten süßlich.

→ VERWENDUNG Weidenröschen gelten als gehaltvolles Wildgemüse. Junge Stängel isst man geschält und gedünstet wie Spargelgemüse. Junge Blätter passen in Salate und Gemüsegerichte, auch die Wurzel. Die ausgezupften Blüten machen sich gut als essbare Dekoration in Salaten, auf belegten Broten und auf Pfannkuchen.

Stehen kreuzweise gegenständig am Stängel: die Blätter →

Wasserminze

Mentha aquatica

Wuchshöhe 20–80 cm
Blütezeit Juli–Oktober
Lebensraum Nasse Wiesen, Ufer stehender oder langsam fließender Gewässer.
Sammeln Blätter: am besten vor der Blütezeit, zu Blühbeginn ist ihr Aroma besonders intensiv; Blüten: Juli–Oktober.
Geschmack Aromatisch, ein wenig bitter-scharf.

Wild wachsende Minze-Arten haben die Neigung, sich miteinander zu kreuzen. Deshalb sind sie oft schwer zu unterscheiden. Wichtig für einen Gebrauch in der Küche ist es, Verwechslungen mit der giftigen Poleiminze auszuschließen. Die Blüten der Poleiminze stehen zwar auch in Quirlen in Etagen übereinander, aber nie zu Köpfchen verdichtet an der Stängelspitze wie bei der Wasserminze.

↑ Blätter breit oval, gesägt, Zähnchen zeigen zur Blattspitze

↑ Innerlich und äußerlich anwendbar: erfrischendes und belebendes Minz-Öl

→ VERWENDUNG **Minzen haben den höchsten Bekanntheitsgrad als Heiltee mit beruhigender Wirkung auf Magen und Psyche. Aber ihre Blätter und Blüten sind auch kulinarisch nutzbar. Getrocknet sind sie Bestandteil vieler Teemischungen. Frisch passen sie fein dosiert in süße Desserts, sommerliche Salate, Fischsuppen und Fleischsoßen. Besonders gut harmoniert Minz-Soße mit Lamm und Huhn. Minz-Öl ist als Aromastoff auch Bestandteil von Bonbons, Schokolade, Likör und vielem mehr. In Wirkung und Aroma steht die Wasserminze der Pfefferminze kaum nach. Ihr ätherisches Öl enthält zwar weniger Menthol, dennoch wirkt sie als Tee und ist als Gewürz nutzbar.**

→ DAS SCHMECKT **Minz-Senf ist ein ungewöhnlicher Senf, schmeckt aber sehr gut. Man bereitet ihn aus Senfkörnern, Minzblättchen, Essig, Öl, Honig und ein wenig Salz zu.**

Frisches Grün im Winter: aus getrockneten Samen kann man Keimlinge ziehen →

Sauerampfer

Rumex acetosa

Wuchshöhe 30–100 cm
Blütezeit Mai–August
Lebensraum Nährstoffreiche, leicht feuchte Wiesen, Fluss- und Bachufer.
Sammeln Junge Blätter vor der Blütezeit, Samen im Spätsommer.
Geschmack Junge Blätter schmecken säuerlich-zitronig, ältere leicht bitter.

→ VERWENDUNG Sauerampfer enthält neben reichlich Vitamin C und Eisen auch Oxalsäure. In roher Form sollte man seine Blätter nur sehr sparsam verwenden, beispielsweise als säuerliche Würze in Salaten, Kräuterquark, Kräuterbutter und zusammen mit Banane und Apfel in »Wiesen-Smoothies«. Gegart sind sie bekömmlicher, sie eignen sich für Suppen, Gemüse, Omeletts.

Kann weibliche, männliche und zwittrige Blüten enthalten: der Blütenstand →

Kleiner Wiesenknopf

Sanguisorba minor

Wuchshöhe 15–40 cm
Blütezeit Mai–August
Lebensraum Magerwiesen, Wegränder.
Sammeln Blätter, Triebspitzen und Blütenknospen: Mai–August.
Geschmack Leicht gurkenähnlich mit angenehmer Bitternote.

→ VERWENDUNG Der Kleine Wiesenknopf war früher in jedem Küchengarten zuhause. Er ist eine Gewürzpflanze, im Volksmund auch als Pimpinelle bekannt. Am besten schmecken seine jungen Frühlingsblätter und die zarten Triebspitzen. Sie eignen sich – fein gehackt – als Gewürz für Salate, Kräuterquarks, Eierspeisen und vieles mehr. Sie sind auch Bestandteil der berühmten Frankfurter Grünen Soße. Aber man sollte die Pflanze nur frisch verwenden. Gekocht oder getrocknet verliert sie ihr Aroma.

Früchte: scheibenförmig und etwa 1 cm groß →

Wilde Malve

Malva sylvestris

Wuchshöhe 30–100 cm
Blütezeit Juni–August
Lebensraum Wegränder, Ödland.
Sammeln Blätter: vor der Blütezeit; Blüten: Juni–August; grüne Früchte: August–September.
Geschmack Angenehm mild und zart.

→ VERWENDUNG Die jungen zarten Blätter, vor der Blütezeit gesammelt, kann man, in Streifen geschnitten, Salaten beimengen. Mit ihrer andickenden Wirkung eignen sie sich auch als Grundlage für Suppen und Kochgemüse. Blätter, die auf der Unterseite von Brandpilzen rot gesprenkelt sind, werden nicht verwendet. Die Blüten nimmt man zum Färben von Gerichten und getrocknet als Farbtupfer in Teemischungen. Die noch weichen, grünen, unreifen Früchte kann man roh essen, über Salate streuen oder Mischgemüsen beifügen.

Stängel: liegt meist kriechend am Boden →

Vogelknöterich

Polygonum aviculare

Wuchshöhe Der meist am Boden kriechende Stängel wird 10–50 cm lang.
Blütezeit Juni–Oktober
Lebensraum Trittfeste Pflanze der Wege, Feldränder und Gärten.
Sammeln Blätter: Mai–Juni; Samen: August–Oktober.
Geschmack Mild salatartig, wenngleich etwas bissfester.

→ VERWENDUNG Am besten schmeckt der Vogelknöterich im Mai und Juni. Danach wird er faserig. Die jungen Blätter kann man in kräftigen Suppen, in Kräuterpürees, Salaten, Gemüsegerichten und in Smoothies verarbeiten. So passt ein Dip aus Crème fraîche, Vogelknöterich, Schalotten und einer Prise Muskat gut zu Ofenkartoffeln. Die Samen verwendet man wie Getreide und vermahlt sie getrocknet zu Mehl oder streut sie über Müslis, Kartoffel- und Gemüsegerichte.

Ähnlich und genauso verwendbar: der Weinbergslauch (Allium vineale) →

Kohllauch

Allium oleraceum

Wuchshöhe 20–70 cm
Blütezeit Juni–August
Lebensraum Trockene Rasen, Wegränder, Weinbergsmauern, Hecken.
Sammeln Blätter: vor der Blüte; Brutzwiebeln: Juli–August; Blüten: während der gesamten Blütezeit; Zwiebeln: im Herbst oder im Frühling.
Geschmack Erinnert an Schnittlauch.

→ VERWENDUNG Blätter, Blüten und Brutzwiebeln sind in der Küche eine vielseitig einsetzbare Würze, beispielsweise für Soßen, Salate und Gemüsegerichte, Pesto, Kräuterbutter und Kräuterquark. Auch als deftiger Belag auf einem Butterbrot sind sie geeignet. Die Zwiebeln werden als scharf-würzige Suppen- und Gemüsebeigabe genutzt.

Blütenhüllblätter mit dunklem Mittelnerv

Wilder Schnittlauch

Allium schoenoprasum

Wuchshöhe 15–40 cm
Blütezeit Mai–Juli
Lebensraum In Gärten kultiviert, verwildert an Fluss- und Seeufern, wild auf steinigen Hängen der Alpen.
Sammeln Blätter: vor der Blüte; Blüten: Mai–Juli; Zwiebeln: September–Oktober.
Geschmack Zwiebelig-lauchartig.

→ VERWENDUNG Den Schnittlauch kennt fast jeder, die meisten aber aus dem Garten, nicht wild in der Natur. Er ist ein bekanntes und beliebtes Küchenkraut. Neben viel Vitamin C enthält er Lauchöle und Mineralstoffe, auch sehr viel Eisen. Seine Blätter sind Gewürz für viele Salate, Suppen, Kartoffel- und Eierspeisen, Quark- und Frischkäsemischungen. Die Blüten sind in Salaten ein bunter Hingucker.

Jede Einzelblüte mit 6 Blütenblättern und 12 Staubblättern →

Blutweiderich

Lythrum salicaria

Wuchshöhe 50–150 cm
Blütezeit Juli–August
Lebensraum Schätzt feuchte, nährstoffreiche Böden, wächst in nassen Wiesen, an Ufern und Gräben.
Sammeln Junge Blätter: April–Mai, dann schmecken sie am besten, danach werden sie sehr herb. Blüten: Juli–August.
Geschmack Mild fruchtig, etwas pflaumenartig.

→ VERWENDUNG Die jungen Blätter passen sehr gut in Salate. Man kann sie auch als mildfruchtiges Frühlingsgemüse dünsten. Ältere Blätter sind durch den mit zunehmendem Alter steigenden Gerbstoffgehalt nahezu ungenießbar. Die Blüten passen geschmacklich gut zu Obstsalaten mit Bananen und Äpfeln. Einen Tee aus den getrockneten blühenden Stängelspitzen hat man früher gegen Durchfallerkrankungen getrunken.

Pfahlwurzel ausgraben, bevor die Pflanze blüht – später wird sie holzig →

Große Klette

Arctium lappa

Wuchshöhe 60–160 cm
Blütezeit Juli–September
Lebensraum Wegränder, Brachland, Schuttplätze, Bahnanlagen.
Sammeln Wurzeln: Herbst bis Frühjahr; Blattstängel: Mai–Juni.
Geschmack Der Geschmack der Wurzeln erinnert an Schwarzwurzeln, die jungen Stängel schmecken leicht nussig.

→ VERWENDUNG Große, voll entwickelte Klettenblätter sind für eine Verwendung in der Küche zu bitter. Aber die Wurzel ergibt ein sehr schmackhaftes Gemüse. Sie ist auch roh in einen Salat geraspelt essbar. Die frisch ausgetriebenen Blattstängel schmecken gedünstet, gebraten oder in Bierteig ausgebacken.

Ohne würziges Aroma: der ähnliche Wirbeldost (Clinopodium vulgare) →

Dost · Wilder Majoran

Origanum vulgare

Wuchshöhe 20–60 cm
Blütezeit Juli–September
Lebensraum Trockene Wiesen, sonnige Böschungen, Gebüschränder.
Sammeln Blätter und Triebspitzen: April–September; verholzte Stängel: Juli–Oktober.
Geschmack Ähnlich wie Oregano, aber milder.

→ VERWENDUNG Dost wird in der Küche als Gewürz verwendet. Man setzt ihn frisch oder getrocknet ein, gekocht verliert er viel von seinem Aroma. Besonders gut passt er zu Pizza, Pastasoßen, Salaten und Käsegerichten. Selbst Kaltschalen und Tee verleiht er einen typischen Geschmack. Früher nahm man ihn zum Aromatisieren von Bier und Spirituosen. Die verholzten Stängel nimmt man als Spieße für Rouladen oder Gemüse.

Volles Aroma nur mittags und bei Sonne – dann macht das Sammeln Sinn →

Feldthymian · Quendel

Thymus pulegioides

Wuchshöhe Stängel kriecht über den Boden, 5–20 cm lang.
Blütezeit Juni–September
Lebensraum Braucht nährstoffarme, sandige Böden, besiedelt trockene, sonnige Wiesen, felsige Standorte.
Sammeln Blätter: Frühsommer–Herbst; Blüten: Juni–September.
Geschmack Zerrieben duftet die Pflanze sehr aromatisch. Ihr Geschmack ist vergleichbar mit dem des bekannten Küchen-Thymians, vielleicht ein wenig schärfer.

→ **VERWENDUNG** **Frisch oder getrocknet ist Feld-Thymian vielseitig einsetzbar: Die Pflanze passt zu Fleischgerichten, Eintöpfen, Soßen, Kräuterbutter und Kräuterkäse, Pilzgerichten und Salatmarinaden.**

Ebenfalls essbar:
der Erdbeerklee

Rotklee

Trifolium pratense

Wuchshöhe 15–45 cm
Blütezeit Mai–September
Lebensraum Wiesen, Weg- und Straßenränder. Wird zur Bodenverbesserung auf Feldern auch angebaut.
Sammeln Blätter und Blütenköpfe. Blätter: Während der gesamten Vegetationsperiode, am besten schmecken sie allerdings vor der Blütezeit. Blüten: Mai–September.
Geschmack Die Blüten schmecken süß, die Blätter erinnern im Geschmack an eine Mischung aus Feldsalat und jungen Erbsen.

Große Verwandtschaft: Der Rotklee hat eine ganze Reihe verwandter und ebenfalls essbarer Arten. Der Erdbeerklee (Trifolium fragiferum) gehört dazu, eine typische Art der Küstensalzwiesen der Nordsee. Und natürlich der Weißklee

↑ Ergeben einen Tee mit blumigem Aroma: die Blütenköpfchen

↑ Ausgezupfte Blüten: eine hübsche, essbare Dekoration

(Trifolium repens), eine trittfeste Art vieler Rasenflächen. Gerade bei ihm ist es sehr wichtig, auf den Sammelort zu achten. Viel betretene, gedüngte und gespritzte Rasenflächen sind unbedingt zu meiden.

→ VERWENDUNG **Die Blätter werden in Salaten, Suppen und Gemüsegerichten verarbeitet und passen auch in Brotaufstriche und Eierspeisen. Blüten streut man über Salate, knetet sie in Brot- und Kuchenteige oder nimmt sie als Aroma für Teemischungen.**

→ DAS SCHMECKT **Ein sommerlicher Obstsalat aus Äpfeln, Bananen, Melonen und Erdbeeren ist zusammen mit ausgezupften Blüten von Weiß- und Rotklee, einigen Mandelstiften, etwas Orangensaft und Akazienhonig ein erfrischender Genuss.**

BLAU BLÜHENDE KRÄUTER
schneller bestimmen

Die Pflanze, die du bestimmen möchtest, hat blaue Blüten. Wie gehst du nun weiter vor?

↓

Zähle die Blütenblätter.

↓

Dann blätterst du zu der Seite, ab der die Arten mit der entsprechenden Anzahl von Blütenblättern vorgestellt werden.

AB SEITE 72

Bis 4 Blütenblätter

Blau blühende, essbare Wildkräuter mit 4 Blütenblättern gibt es gar nicht so viele. Das Wiesenschaumkraut und der Bachbungen-Ehrenpreis gehören dazu.

⟶ Kreuzblütler wie das Wiesenschaumkraut besitzen immer 4 nicht verwachsene Kronblätter und kreuzweise dazu versetzt 4 Kelchblätter.

⟶ An den Blütenkronen der Bachbunge sieht man deutlich erkennbar 4 Kronzipfel und 2 antennenartig vorstehende Staubblätter.

AB SEITE 74

5 Blütenblätter

Auch diese Kategorie ist im Buch mit nur 2 Arten vertreten, dem Borretsch und dem Lungenkraut.
⟶ Borretschblüten zeichnen sich durch 5 sternförmig ausgebreitete Kronblätter aus.
⟶ Die schmal glockenförmigen Blüten des Lungenkrauts lassen 5 Kronzipfel erkennen.

AB SEITE 76

Mehr als 5 Blütenblätter

Die bekanntesten essbaren Wildpflanzen in dieser Kategorie sind 2 Arten aus der Familie der Korbblütler, die Kornblume und die Wegwarte.
⟶ In den Blütenköpfen der Korbblütler stehen dicht gedrängt viele Einzelblüten. Während die Blütenköpfe der Kornblume nur mit Röhrenblüten gefüllt sind, bestehen die der Wegwarte nur aus Zungenblüten.

AB SEITE 78

Zweiseitig-symmetrische Blüten

Pflanzen mit zweiseitig-symmetrischen Blüten gehören oft in die Familie der Lippenblütler. Auch einige essbare Wildkräuter wie der Gundermann oder der Wiesensalbei sind Lippenblütler.
⟶ Neben der speziellen Blütensymmetrie sind für diese Pflanzen ein kantiger Stängel sowie gegenständige Blätter typisch.

Schaumnester von Zikaden vor Verwendung gründlich mit Wasser abspülen! →

Wiesenschaumkraut

Cardamine pratensis

Wuchshöhe 30–60 cm
Blütezeit April–Juni
Lebensraum Häufige Pflanze feuchter Wiesen, auch an Gewässerufern und in Gärten.
Sammeln Blätter vor der Blüte, Blütenknospen und Blüten.
Geschmack Kresseartig scharf bis leicht bitter.

→ **VERWENDUNG** **Neben reichlich Vitamin C und vielen Mineralstoffen enthält das Wiesenschaumkraut auch gesunde Bitterstoffe und antibakteriell wirkende Senföle. Weil diese, in größeren Mengen gegessen, Nierenreizungen verursachen können, sollte man die Pflanze nur sehr maßvoll verwenden. Man verarbeitet sie als Würze in Salaten, Suppen, Fischsoßen, Kartoffelgerichten und Quarkspeisen. Oder man genießt Blätter und Blüten fein geschnitten einfach auf einem Butterbrot.**

Nur an sauberen Gewässern sammeln, nie am Rand von Viehweiden! →

Bachbungen-Ehrenpreis · Bachbunge

Veronica beccabunga

Wuchshöhe 10–60 cm
Blütezeit Mai–August
Lebensraum Wächst häufig an Bach- und Seeufern sowie in Wassergräben.
Sammeln Blätter und Triebspitzen vor der Blüte, Blüten.
Geschmack Kresseartig scharf mit leicht bitterer Note.

→ VERWENDUNG Blätter und Triebspitzen erinnern im Geschmack etwas an Brunnenkresse. Vor der Blüte gepflückt, nimmt man die Bachbunge als Beigabe für Salate, pikante Quarkspeisen, Kräuterdips, gedünstetes Gemüse, auch klein geschnitten als herzhaften Brotbelag. Die Blüten, die auch getrocknet ihre Farbe behalten, eignen sich als Beigabe in Teemischungen oder frisch als essbare Dekoration.

Blätter wechselständig, lang gestreckt, runzelig mit welligem Rand →

Borretsch

Borago officinalis

Wuchshöhe 20–50 cm
Blütezeit Juni–August
Lebensraum Wächst häufig in Gärten und verwildert an Wegrändern und Böschungen, auch auf gartennahem Brachland.
Sammeln Triebspitzen und Blätter von April–August, Blüten. Vorsicht: Häufig und in größeren Mengen sollte man die Pflanze nicht essen. Ihr Pyrrolizidingehalt ist zwar gering, kann aber leberschädigend wirken.
Geschmack Zart-säuerlich mit Gurkennote.

→ VERWENDUNG Borretsch ist als Gurkengewürz bekannt. Seine Blätter würzen auch Salate, Gemüsegerichte, Fisch und Brotaufstriche. Aber nur frische Blätter verwenden – beim Kochen oder Trocknen verlieren sie das Aroma! Die Blüten aromatisieren Öle und werden als würzige Dekoration in Salate gestreut.

Blüten glockig und schüsselblumenähnlich, erst rosa, dann violett →

Lungenkraut

Pulmonaria officinalis

Wuchshöhe 10–40 cm
Blütezeit März–Mai
Lebensraum Laub- und Mischwälder mit krautreichem Unterwuchs, Waldränder, Gebüsche.
Sammeln Blätter von März–August, Blüten von März–Mai.
Geschmack Die Blätter schmecken saftig mit mildem Gurkenaroma.

→ VERWENDUNG Im Frühling gesammelte junge Blätter machen sich fein geschnitten gut in gemischten Salaten, Eierspeisen, Suppen und als Gemüse. Auch in Bierteig getaucht und dann ausgebacken schmecken sie. Wer ältere Blätter in der Küche verwenden will, verarbeitet sie am besten in Suppen und Gemüsegerichten. Die Blüten nutzt man getrocknet in Teemischungen. Klein geschnitten können sie auch in Kräuterquark oder Frischkäse gerührt werden.

Die Wurzel – Grundlage für einen magenfreundlichen Zichorienkaffee →

Wegwarte

Cichorium intybus

Wuchshöhe 30–150 cm
Blütezeit Juli–September
Lebensraum Wächst häufig an Weg- und Straßenrändern, auf Brachflächen.
Sammeln Rosettenblätter vor der Blüte im April, die Wurzel von September bis zum Frühjahr.
Geschmack Fein bitter, chicoréeartig.

→ **VERWENDUNG Die jungen Blätter isst man am besten kurz blanchiert im Salat, in Gemüsegerichten oder Suppen. Getrocknet und geröstet ist die Wurzel Grundlage für einen Wurzelkaffee aus eigener Produktion. Man könnte sie auch als Pfannen-, Koch- oder Backgemüse essen. Vorher sollte man sie aber wenigstens 2 Stunden wässern, um die Bitterstoffe zu reduzieren.**

Äußere Einzelblüten vergrößert und etwa ein Drittel eingeschnitten →

Kornblume

Centaurea cyanus

Wuchshöhe 30–60 cm
Blütezeit Juni–Oktober
Lebensraum In Getreidefeldern, an Wegrändern und auf ackernahem Brachland zu finden.
Sammeln Blüten von Juni bis Oktober.
Geschmack An sich sind die Blüten der Kornblume geschmacksneutral. In größeren Konzentrationen genossen, erinnert ihr Geschmack etwas an grünen Tee.

→ VERWENDUNG Für viele mag es ungewöhnlich klingen, aber auch Kornblumen haben ihren Platz in der Wildkräuterküche. Die blauen Blüten sind schöne Farbtupfer in Teemischungen. Als essbare Dekoration werden sie über eine Vielzahl von Gerichten gestreut, so über Salate, Fischgerichte oder Gemüseterrinen.

Leicht mit dem Kriechenden Günsel zu verwechseln – beide sind essbar →

Gundermann

Glechoma hederacea

Wuchshöhe 15–40 cm
Blütezeit April–Juni
Lebensraum Verbreitet an feuchten, schattigen Standorten, besiedelt Grünland aller Art, Gärten, Weg-, Wald- und Heckenränder, Gewässerufer.
Sammeln Die Blüten sammelt man von April bis Juni, die Blätter sind am schmackhaftesten vor der Blüte. Erntet man sie später im Jahr, sollten sie sehr sparsam verwendet werden, denn dann haben sie einen scharfen Nachgeschmack.
Geschmack Die Blätter schmecken herb-aromatisch nach einer Mischung aus Thymian, Minze und Oregano, die Blüten mild-süßlich. Gundermann enthält reichlich Gerb- und Bitterstoffe, verschiedene Mineralien sowie ätherisches Öl, das seinen würzigen Duft bedingt. Man erkennt die Pflanze sofort, wenn man ihre Blätter zwischen den Fingern zerreibt.

↑ Nur im blütentragenden Teil aufgerichtet: der Stängel

↑ Herbwürziges Gundermannsalz

VERWENDUNG Gundermann war schon im Mittelalter ein viel benutztes Würzkraut. Und heute ist er in der Küche immer noch beliebt und geschätzt. Frisch oder getrocknet würzt er viele Kartoffelgerichte, Salate, Suppen, Kräuterquarks und Omeletts, aber auch Tee, Likör und Wein. Und heiße Gundermannmilch wirkt heilsam bei Erkältungen. Vor der Kultivierung des Hopfens hat man Gundermann auch als Bierwürze verwendet.

DAS SCHMECKT Möglichst junge Gundermannblättchen werden in flüssige Schokoladenkuvertüre getaucht und anschließend auf Backpapier im Kühlschrank getrocknet. Diese »wilden Pralinen» sind eine herbsüße Nascherei, man kann sie pur genießen oder damit Nachspeisen dekorieren.

Lippenblüte aus sichelförmiger Oberlippe und dreiteiliger Unterlippe →

Wiesensalbei

Salvia pratensis

Wuchshöhe 30–60 cm
Blütezeit Mai–August
Lebensraum Trockene Wiesen, Wegränder.
Sammeln Blätter und Triebspitzen: Mai–Juni; Blüten: Mai–August.
Geschmack Die Blätter schmecken herb-aromatisch, die Blüten zart-süßlich.

→ VERWENDUNG Diese sonnenliebende Pflanze wird in der Wildkräuterküche als Würzpflanze verwendet. Mit den Blättern würzt man Fleisch und Fisch, Salate, Suppen, Quark und Frischkäse. Salbeiblüten aromatisieren Öle, Essige, Buttermischungen und viele Süßspeisen. Gerne verarbeitet man sie auch zu Tee. Vor der Verwendung müssen sie aber vom Blütenstiel und vom Blütenkelch befreit werden.

Viele Lippenblüten in einem ährenförmigen Blütenstand →

Kleine Braunelle

Prunella vulgaris

Wuchshöhe 5–30 cm lang, Stängel liegend bis aufsteigend.
Blütezeit Juni–September
Lebensraum Wächst auf feuchten Wiesen, an Wegrändern und Heckensäumen, auf Waldlichtungen.
Sammeln Blätter und Triebspitzen: April–Mai; Blüten: Juni–September.
Geschmack Herb-aromatisch bis fast bitter.

→ **VERWENDUNG Fein gehackt würzen die Blätter Kräuterbutter, Kräuteressig und Salatsoßen. Gegart eignen sie sich als Zutat in Eintopfgerichten, Suppen und Spinat. Aber sie müssen sparsam dosiert werden, sonst stören ihre Bitterstoffe andere Geschmackskompositionen. Für einen Tee verwendet man nur das Blütenköpfchen mit dem ersten darunter liegenden Blattpaar. Er hilft bei einer Magenverstimmung.**

Blätter der giftigen Haselwurz (Asarum europaeum): ähnlich, aber ledrig

Märzveilchen · Duftveilchen

Viola odorata

Wuchshöhe 3–10 cm
Blütezeit März–April
Lebensraum Laubwälder, Waldränder, Hecken und Gebüsche.
Sammeln In der Wildkräuterküche werden die Blätter und Blüten verwendet. Die Blätter können während der gesamten Lebensdauer der Pflanze gesammelt werden – man pflückt sie ohne den harten Blattstiel. Die Blüten sammelt man von März–April.
Geschmack Veilchenblüten und -blätter schmecken mild und süßlich-aromatisch.

VERWENDUNG **Veilchenblätter können roh in Salaten und Quarkspeisen oder gekocht in Suppen und Gemüsegerichten gegessen werden. Wegen ihres hohen Anteils an Schleimstoffen**

↑ Blüten mit dickem, geradem Sporn

↑ Geben nach und nach Duft und Farbe auch an Zucker ab: Veilchenblüten

nimmt man sie auch zum Eindicken von Soßen. Das feine Aroma der Veilchenblüten harmoniert mit süßen und pikanten Speisen gleichermaßen gut. Man kann sie als essbare Dekoration über Salate, Suppen, Pasteten oder Käseplatten streuen oder zum Aromatisieren von Getränken und Essig nehmen. Kandierte Blüten schmücken Süßspeisen und Gebäck.

→ DAS SCHMECKT Für einen erlesenen Veilchenessig übergießt man 2 Handvoll Veilchenblüten mit 0,5 Liter Weinessig und lässt das Ganze an einem kühlen, schattigen Ort durchziehen. Nach etwa 10 Tagen wird abgeseiht. In dieser Zeit hat der Essig Duft und Farbe der Blüten aufgenommen. Dieser zart-aromatische Duftessig sollte jedoch im Lauf eines halben Jahres verbraucht werden. Er verliert sein feines Aroma schnell.

GRÜN ODER BRAUN BLÜHENDE KRÄUTER schneller bestimmen

Die Pflanze, die du bestimmen möchtest, hat grünliche oder bräunliche Blüten. Wie gehst du nun weiter vor?

Zähle die Blütenblätter.

Dann blätterst du zu der Seite, ab der die Arten mit der entsprechenden Anzahl von Blütenblättern vorgestellt werden.

AB SEITE 85

Bis 4 Blütenblätter

Die bekannteste essbare Wildpflanze in dieser Kategorie ist die Brennnessel. Von ihr gibt es männliche und weibliche Pflanzen. Die Blüten sind sehr klein, die weiblichen bilden hängende Blütenstände, die männlichen gerade abstehende.

AB SEITE 90

5 Blütenblätter

Diese Kategorie ist hier nur mit 2 Arten vertreten, dem Weißen Gänsefuß und dem Wilden Hopfen. Die unscheinbaren Blüten des Gänsefußes sind in knäueligen oder traubigen Blütenständen vereint. Beim Hopfen gibt es männliche und weibliche Pflanzen. Männliche haben traubige Blütenstände, weibliche Blüten sind unscheinbar.

Winzige Blüten in den Blattschuppen-Achseln an den verdickten Stängelspitzen →

Queller

Salicornia europaea

Wuchshöhe 5–30 cm
Blütezeit August–Oktober
Lebensraum Regelmäßig überflutete Salzschlickböden an Nord- und Ostsee.
Sammeln Nur die oberen Triebspitzen von April–August.
Geschmack Die Pflanze riecht nach Meer und schmeckt salzig-pfeffrig.

→ VERWENDUNG Die Menschen an Nord- und Ostsee sammeln seit alters den Queller als wohlschmeckendes, mineralstoffreiches Wildgemüse. Von April bis August kann man die ganze oberirdische Pflanze verwenden. Man nutzt sie als Salatbeigabe, als frische Suppeneinlage oder als spargelähnlich zubereitetes Gemüse. Auch Pesto lässt sich aus frischem Queller zubereiten.

Herabhängende weibliche Blütenstände →

Große Brennnessel

Urtica dioica

Wuchshöhe 30–150 cm
Blütezeit Juni–September
Lebensraum Besiedelt nährstoffreiche, feuchte Standorte wie Wald- und Wegränder, Feldränder, Heckensäume, Wiesen.
Sammeln Junge Blätter und Triebspitzen: März–Juli; Samen: Juli–Oktober.
Geschmack Der Grundgeschmack ist spinatartig, aber intensiver und würziger.

Wer Brennnesseln in der Küche verwenden will, sollte besonders auf einen naturnahen Sammelort achten. Die Pflanzen wachsen häufig an belasteten Standorten. So sind sie beispielsweise an Feldrändern oft mit Spritzmitteln behaftet. Hier wird auf keinen Fall gesammelt.

↑ Brennnessel-Chips

↑ Brennnesselsamen: unreif geerntete sind grün, ausgereifte dunkelbraun bis schwarz – essbar sind beide

→ VERWENDUNG **Die Brennnessel ist mit ihrem Reichtum an Eiweiß, Vitaminen und Mineralien wie Eisen, Kalium, Kalzium, Magnesium, Phosphor, Silicium und Mangan ein Kraftpaket an Gesundheit und auch geschmacklich ein hervorragendes Wildgemüse. Kaum eine andere Pflanze ist so vielseitig einsetzbar. Ihre Blätter und Triebspitzen können in Suppen, Soßen, Spinat, Aufläufen, Quiches, Pesto und vielem mehr verarbeitet werden. Als Tee wirken sie blutreinigend und harntreibend. Die nussigen Samen nimmt man getrocknet und geröstet als Gewürz, streut sie über Müslis, verarbeitet sie in Bratlingen und anderen Speisen.**

→ DAS SCHMECKT **Brennnessel-Chips: In Bierteig getauchte und in Öl goldgelb ausgebackene Brennnesselblätter machen sich gut als Suppen-Croutons oder zusammen mit einem Dip als kleine Nascherei zum Fernsehen anstelle von Kartoffel-Chips.**

Ähnlich, aber ungenießbar: Stinkender Gänsefuß, am Geruch zu erkennen →

Guter Heinrich

Chenopodium bonus-henricus

Wuchshöhe 10–60 cm
Blütezeit Mai–September
Lebensraum Schätzt nährstoffreiche Böden, wächst in der Nähe von Viehlagern, an Wegrändern und in Gärten.
Sammeln Blätter und Triebspitzen vor der Blüte, die Samen im Herbst.
Geschmack Vergleichbar mit dem von Kulturspinat.

→ VERWENDUNG Früher wuchs die Pflanze häufig in der Nähe bäuerlicher Siedlungen und war damals als Wildgemüse geschätzt. Ihre jungen Blätter und Triebspitzen ergeben einen schmackhaften Salat und Spinat. Die Samen hat man früher zu Brei gekocht. Man hat dabei das Kochwasser aber mehrmals abgeschüttet, um die enthaltenen Saponine zu entfernen.

Wird ebenso in der Küche verwendet: Breitwegerich →

Spitzwegerich

Plantago lanceolata

Wuchshöhe 10–40 cm
Blütezeit Mai–September
Lebensraum Wiesen, Weg- und Straßenränder.
Sammeln Junge Blätter von März–Mai, Blütenknospen von April–September, Samen von Juni–Oktober.
Geschmack Die ganz jungen, zarten Blätter aus dem Inneren der Blattrosette und die Blütenknospen entwickeln einen Geschmack, der an junge Steinpilze erinnert, aber mit einem leicht bitteren Touch.

→ VERWENDUNG Junge, zarte Blätter können Zutat in einem Salat oder in Suppen und Gemüsegerichten sein. Aber man sollte sie eher sparsam verwenden. Die Blütenknospen genießt man über Salate gestreut oder pur als Nascherei.

Nur weibliche Blüten entwickeln die bekannten Hopfenzapfen →

Wilder Hopfen

Humulus lupulus

Wuchshöhe Klettert bis zu 6 m hoch
Blütezeit Juli–August
Lebensraum Besiedelt grundfeuchte Standorte, rankt in Auwäldern, an Waldrändern und in Gebüschen.
Sammeln Weibliche Hopfenzapfen im August oder September, junge Hopfensprosse im April.
Geschmack Hopfentriebe schmecken spinatartig, die weiblichen Blüten verströmen das bekannte Bieraroma.

→ **VERWENDUNG Die jungen Sprosse, die im April aus der Erde kommen, nutzt man - einfach in Butter gedünstet - als Gemüse. Sie sehen zwar aus wie Spargel, erinnern im Geschmack aber eher an Spinat. Aus den weiblichen Hopfenzapfen bereitet man einen beruhigenden Tee.**

Wegen Oxalsäure und Saponinen die Blätter nur in kleinen Mengen essen →

Weißer Gänsefuß

Chenopodium album

Wuchshöhe 20–150 cm
Blütezeit Juli–September
Lebensraum Brachland, Felder, Gärten.
Sammeln Blätter und Triebe: April; Samen: August–September.
Geschmack Je nach Standort und Alter schwankt der Bitterstoffgehalt ganz erheblich. Demzufolge variiert auch der Geschmack von spinatartig mild über herb bis bitter.

→ VERWENDUNG Klassisch ist die Verarbeitung der jungen Blätter und Triebe zu Spinat. So hat man die Pflanze schon in alter Zeit genutzt. Aber die jungen Blätter eignen sich auch als Salatzutat, für Suppen und Aufläufe oder für Smoothies. Die stärkereichen Samen streut man über Salate oder nutzt sie als Keimsaat.

WILDE FRÜCHTE
schneller bestimmen

Du hast eine Frucht gefunden und möchtest wissen, was das ist. Damit du dich an der Farbe orientieren kannst, muss die Frucht reif sein.

↓

Blättere zu den Seiten, ab denen die Arten mit dieser Fruchtfarbe vorgestellt werden.

↓

Hier erfährst du auch, ob sie an einem Baum oder Strauch oder an einer Staude wachsen.

AB SEITE 94

Gelb oder Orange

Essbare Wildfrüchte, die in reifem Zustand gelb bis orange sind, gibt es in unserer Natur gar nicht so viele.
⟶ Am häufigsten, und vielen vom Ostseeurlaub bekannt, ist wohl der Sanddorn.
⟶ Auch die auffällige Vogelbeere kennen viele vom Waldrand und aus Hecken.

AB SEITE 98

Rot

Die Vielfalt an roten Wildfrüchten in der heimischen Natur ist groß. Die schmackhafteste ist wohl die Walderdbeere, die bekannteste die Hagebutte, die Frucht der Wildrosensträucher.
⟶ Weniger bekannt sind Kornelkirschen, die Früchte eines Strauchs der Hecken und Waldsäume.

AB SEITE 108

Blau oder Schwarz

Auch die Palette an blauen und schwarzen essbaren Wildfrüchten ist groß. Manche sind leicht zu erkennen, die Brombeeren etwa an ihren weit überhängenden, stacheligen Zweigen oder der Holunderstrauch an den dicken, glänzend schwarzen, hängenden Fruchtdolden.
⟶ Andere wie der Wacholder erfordern einen genauen Blick.

ZUSATZINFO FRÜCHTE SAMMELN
Wenn du selbst gesammelte Früchte essen möchtest, dann musst du dir ganz sicher sein, dass du sie richtig bestimmt hast. Viele haben giftige Doppelgänger.

AB SEITE 118

Braun

Haselsträucher sind in unserer Landschaft sehr häufig, wahrscheinlich kennt sie jeder, genauso wie die Rotbuchen.
⟶ Haselnüsse sind reif, wenn sich ihre harte Außenschale braun verfärbt und sie sich leicht vom Ast lösen.
⟶ Wenn die Früchte der Buchen reif sind, öffnen sich ihre stacheligen Fruchtkapseln und geben jeweils 2 dreikantige, braun glänzende Bucheckern frei.

Typisch: die glatte Rinde mit quer gestellten Korkwarzen →

Vogelbeere · Eberesche

Sorbus aucuparia

Wuchshöhe Wächst als Strauch oder Baum, 3–15 m hoch
Blütezeit Mai–Juni
Lebensraum Laubwälder, Waldränder, Parks, vielfach als Straßenbaum gepflanzt.
Sammeln Reife, orangerote Früchte, Fruchtreife August–Oktober.
Geschmack Die Früchte schmecken intensiv bitter-sauer, erst durch das Einwirken von Frost verliert sich ein Teil der Bitterkeit.

→ VERWENDUNG Vogelbeeren sind nur gekocht genießbar. Sie enthalten v. a. in den Samenkernen Parasorbinsäure, die den Magen-Darm-Trakt reizt. Beim Kochen zerfällt diese Substanz. So können sie zusammen mit milderen Früchten zu Marmeladen und Chutneys verarbeitet werden. Wer mag, entfernt die bitteren Samenkerne durch ein Sieb.

Wird oft mit dem Feuerdorn verwechselt, dessen Früchte sind schwach giftig →

Sanddorn

Hippophae rhamnoides

Wuchshöhe Wächst als dorniger Strauch, erreicht eine Höhe von 2–6 m.
Blütezeit April
Lebensraum Meeresküsten, Flussufer, gepflanzt in Gärten.
Sammeln Reife Früchte, Fruchtreife September–Oktober. Wegen der kräftigen Dornen an den Zweigen sind die Früchte nicht einfach zu ernten.
Geschmack Sanddornbeeren sind bekannt für ihren sehr sauren Geschmack.

→ VERWENDUNG Aus Sanddornbeeren stellt man Marmeladen, Säfte und Fruchtliköre her, in Kombination mit milderen Früchten auch Kompotte. Aroma und Geschmack der Sanddornfrüchte werden in idealer Weise durch Äpfel, Birnen, Quitten und Orangen ergänzt.

Wildäpfel: auch reif klein und hart

Wildapfel · Holzapfel

Malus sylvestris

Wuchshöhe Sommergrüner, 5–10 m hoher Baum
Blütezeit Mai–Juni
Lebensraum Auwälder, Laubmischwälder, Waldränder, Hecken.
Sammeln Wildapfelblüten werden im Mai/Juni gesammelt, die Früchte im September/Oktober.
Geschmack Wildäpfel schmecken auch vollreif sehr sauer.

VERWENDUNG Wildapfelblüten aromatisieren Süßspeisen, schmecken als kandierte Süßigkeit und als Beigabe in Fruchtsalaten. Und sie ergeben einen feinen Tee. Wildäpfel sind roh kein Genuss. Aber kombiniert mit süßeren Früchten können sie zu Marmeladen, Gelee, Apfelmus oder Saft verarbeitet werden. Auch als Geflügelfüllung lassen sie sich verwenden. Aus ihren getrockneten Schalen lässt sich ein fruchtiger Tee zubereiten.

Staubbeutel in den weißen Blüten meist auffällig rot →

Wildbirne · Holzbirne

Pyrus pyraster

Wuchshöhe Sommergrüner Baum mit meist dornigen Zweigen, 8–20 m hoch
Blütezeit April–Mai
Lebensraum Auengebüsche, Laubwälder.
Sammeln Die Früchte werden im September/Oktober geerntet.
Geschmack Wildbirnen schmecken sehr herb und sauer. Roh sind sie erst nach Frosteinwirkung genießbar oder wenn sie überreif sind.

→ VERWENDUNG Wildbirnen enthalten Pektin, Fruchtsäuren und Gerbstoffe. Wegen ihres holzigen Fruchtfleischs aß man sie früher in Notzeiten als Dörr- und Backobst. Zusammen mit Äpfeln und Kulturbirnensorten hat man sie auch zu Marmelade und Mus oder zu Obstwein und Essig verarbeitet.

Blüten mit herzförmigen Kronblättern und zahlreichen gelben Staubblättern →

Hundsrose

Rosa canina

Wuchshöhe Sommergrüner Strauch mit dornigen, überhängenden Zweigen, 1–3 m hoch
Blütezeit Juni
Lebensraum Wächst häufig in Hecken und Gebüschen, an Waldrändern.
Sammeln In der Wildkräuterküche werden Blüten, Blätter und Früchte der Wildrosensträucher genutzt. Die Früchte der Wildrosen, die Hagebutten, reifen ab September. Sie gehören zum schmackhaftesten, was wilde Hecken im Herbst zu bieten haben. Blüten werden im Juni gesammelt, junge Blätter im Frühling.
Geschmack Die Blüten schmecken mild-säuerlich, die Blätter apfelartig und die Früchte erinnern geschmacklich an Tomaten.

↑ Ergeben einen leckeren Tee: die zart nach Vanille schmeckenden Hagebuttenkerne

↑ Wer Hagebuttenmus zubereitet, sollte die Kerne erst nach dem Kochen abpassieren

→ VERWENDUNG Rosenblüten werden ohne Staubgefäße und Blütenkelch verwendet. Die ausgezupften Blütenblätter kann man zum Aromatisieren von Butter, Essig, Wein und Tee verwenden. Kandiert sind sie ein hübscher Schmuck für Kuchen und Torten. Legendär ist der Einsatz von Rosenblütenwasser bei der Marzipanherstellung. Die Blätter geben fein gehackt Suppen und Eintöpfen eine fruchtige Note. Aus den Früchten werden meist Marmeladen und andere süße Brotaufstriche hergestellt, aber auch Chutneys, Suppen und Soßen.

→ DAS SCHMECKT Ein »Hecken-Chutney«, gekocht aus Hagebutten, Äpfeln, Zwiebeln und Rosinen und gewürzt mit zerstoßenen Senfkörnern, Mixed-Pickles-Gewürz, gemahlenem Ingwer und etwas Cayennepfeffer, passt ausgezeichnet zu gebratener Leber, Wild und Wildgeflügel.

Mehlbeere

Sorbus aria

Wuchshöhe Sommergrüner Baum, 6–12 m hoch
Blütezeit Mai
Lebensraum Sonnige Waldränder und Gebüsche, vielfach als Straßenbaum gepflanzt.
Sammeln Die reifen Früchte, am besten nach dem ersten Frost. Fruchtreife August–November.
Geschmack Mehlbeeren schmecken wie sie heißen: mehlig und etwas fad-süßlich.

VERWENDUNG Um den Geschmack von Mehlbeeren aufzufrischen, verarbeitet man sie am besten mit geschmacklich intensiveren Früchten wie Kornelkirschen, Vogelbeeren oder Johannisbeeren zu Marmelade, Gelee oder Saft. Getrocknet nahm man sie früher als Rosinenersatz im weihnachtlichen Früchtebrot. Die Fruchtkerne ergeben geschrotet einen Ersatzkaffee.

Weiße Blüten mit auffällig roten Staubbeuteln →

Zweigriffliger Weißdorn

Crataegus laevigata

Wuchshöhe Dorniger Strauch, 2–10 m hoch
Blütezeit Mai–Juni
Lebensraum Hecken, Gebüsche, Waldränder.
Sammeln Die reifen, tiefroten Früchte von September–November, die Blätter im Frühling, die Blüten zur Blütezeit.
Geschmack Die Früchte schmecken mehlig-fad und nur wenig süß, junge Blätter und die Blüten nussig-mandelartig.

→ VERWENDUNG Die jungen, zarten Frühlingsblätter passen ausgezeichnet in Salate. Die Früchte kann man in Kombination mit anderem Obst zu Marmelade oder Gelee verarbeiten. Sie schmecken auch in Wein eingelegt oder als Früchtetee. Getrocknet und zu Mehl vermahlen, überraschen sie in Kuchen oder Früchtebrot mit einem feinen Geschmack. Aus den Blüten bereitet man einen milden Tee.

Erscheinen vor dem Laub: weiße Blüten in kleinen Büscheln

Vogelkirsche

Prunus avium

Wuchshöhe Sommergrüner Baum, 15–20 m hoch
Blütezeit April–Mai
Lebensraum Laubmischwälder, Waldränder, Gebüsche. Diese Wildform der Kulturkirsche tritt an ihren Standorten immer nur einzeln auf, nie in größeren Beständen.
Sammeln Die reifen Kirschen im Juli, die Blüten im Mai.
Geschmack Vogelkirschen schmecken weniger süß als Kulturkirschen, eher säuerlich und im Nachklang ein wenig bitter.

→ VERWENDUNG Aus den Blüten bereitet man einen feinen Tee oder nascht sie als kandierte Leckerei. Die saftigen Vogelkirschen werden wie Kulturkirschen zu Marmelade, Kompott oder Fruchtmus verarbeitet. Als herbsüße Soße ergänzen sie dunkles Fleisch.

Erscheinen vor dem Laub: gelbe Blüten in Büscheln →

Kornelkirsche

Cornus mas

Wuchshöhe 3–6 m hoher Strauch oder kleiner Baum mit überhängenden Zweigen
Blütezeit Februar–April
Lebensraum Trockene Laubwälder, Waldränder, sonnige Hänge, häufig auch in Gärten und Parks gepflanzt.
Sammeln Die reifen, roten Kirschen, wenn sie sich nahezu allein vom Strauch lösen oder nach Schütteln herabfallen. Fruchtreife ab August.
Geschmack Kornelkirschen variieren im Geschmack von johannisbeerartig sauer bis leicht süßlich.

→ VERWENDUNG Aus den reifen Früchten kann man Marmelade, Gelee, Saft, Wein oder Likör zubereiten. Grüne, unreife Früchte erinnern, süßsauer verarbeitet, geschmacklich an eingelegte Oliven.

Blattoberseite glänzend dunkelgrün, ⟶
Unterseite hellgrün und braun punktiert

Preiselbeere

Vaccinium vitis-idaea

Wuchshöhe Immergrüner Zwergstrauch, 10–30 cm hoch
Blütezeit Mai–Juli
Lebensraum Das Heidekrautgewächs findet man in Kiefernwäldern, Mooren und Heiden.
Sammeln Die Früchte von August–Oktober, die Blätter von April–Mai.
Geschmack Roh schmecken die Beeren herb-sauer, gekocht entwickeln sie ein fruchtig-süßes Aroma.

Die Preiselbeere könnte mit der in unmittelbarer Nachbarschaft wachsenden, deutlich herber schmeckenden, aber nicht giftigen Bärentraube (Arctostaphylos uva-ursi) verwechselt werden. Doch deren Blätter sind unterseits nicht punktiert, sondern zeigen ein feines Adernetz.

↑ Blüten weiß bis zartrosa, glockenförmig, 4 Blüten- und Kelchblätter

↑ Sind nicht kugelrund, sondern wirken eher eingedrückt-kugelig: die Früchte der Bärentraube

→ VERWENDUNG **Preiselbeeren gehören zu den Klassikern der Wildfrüchteküche. Frisch sind sie durchaus essbar. Aber ihren delikat angenehmen Geschmack entwickeln sie erst beim Kochen. Bekannt sind sie als süße Beilage zu gebackenem Camembert, zu Pfannkuchen oder auch zu Wildgerichten. Ebenso können sie zu Säften, Likör, in Gebäck oder Fruchtsuppen verarbeitet werden. Getrocknet nimmt man sie als Zugabe zu Tee oder als fruchtige Ergänzung im morgendlichen Müsli. Die Blätter nimmt man frisch und fein gehackt als Würze für Soßen, Fleisch und Fisch.**

→ DAS SCHMECKT **Aus Preiselbeerkompott, geriebenem Meerrettich, süßer Sahne und einem Spritzer Zitronensaft lässt sich ein wunderbar fruchtiger Preiselbeermeerrettich herstellen, der ausgezeichnet zu gekochtem Rindfleisch passt.**

Walderdbeeren zeigen nach unten, Früchte der Scheinerdbeere nach oben →

Walderdbeere

Fragaria vesca

Wuchshöhe Staude, 10–20 cm hoch
Blütezeit April–Juni
Lebensraum Waldränder, Waldlichtungen.
Sammeln Die Blätter werden von März–April gesammelt, die Blüten von April–Mai und die Früchte im Juni–Juli.
Geschmack Blätter und Blüten schmecken leicht säuerlich, die Früchte sehr aromatisch und intensiver als die Kulturerdbeeren.

VERWENDUNG Walderdbeeren entfalten nur voll ausgereift ihr unverwechselbares Aroma. Die vitaminreichen Früchte genießt man am besten frisch, kann sie aber auch zu Marmelade, Eis, Quarkspeisen und in Obstsalaten verarbeiten. Aus Blättern und Blüten lässt sich ein erfrischender Tee zubereiten.

Blätter aus 3-5 ovalen Teilblättchen zusammengesetzt →

Wilde Himbeere

Rubus idaeus

Wuchshöhe Stacheliger Strauch, 80–150 cm hoch
Blütezeit Mai–Juni
Lebensraum Waldränder, Waldlichtungen, Hecken.
Sammeln Blätter, Blüten und Früchte, Fruchtreife Juli–September.
Geschmack Die Früchte schmecken unverwechselbar süß, die Blätter apfelartig.

→ **VERWENDUNG Himbeeren werden gepflückt, wenn sie sich leicht vom Blütenboden lösen. Erst dann sind sie vollreif und können auch nicht mit unreifen roten Brombeeren verwechselt werden. Die vitaminreichen Früchte kann man roh essen oder zu Marmelade, Eis, Sirup, Likör, Wein und Essig verarbeiten. Getrocknete Blätter und die Blüten schmecken gut als Tee.**

Blätter aus 5–7 eiförmigen, am Rand gesägten Teilblättchen →

Schwarzer Holunder

Sambucus nigra

Wuchshöhe Strauch oder kleiner Baum, 2–10 m hoch
Blütezeit Juni
Lebensraum Wald- und Wegränder, Hecken, Gebüsche.
Sammeln Blütendolden im Juni, Fruchtstände von August–September.
Geschmack Holunderbeeren schmecken herb-aromatisch, fruchtig, die Blüten intensiv süßlich, fast ein wenig ananasartig.

Vorsicht: Der giftige Zwerg-Holunder (Sambucus ebulus) ähnelt dem Schwarzen Holunder in Blatt, Blüte und Fruchtform. Der Unterschied: Die Fruchtstände des Zwerg-Holunders stehen aufrecht, die des Schwarzen Holunders hängen. Und: Die Blüten des Schwarzen Holunders besitzen gelbe Staubbeutel, die des Zwerg-Holunders rote.

↑ Gelblich weiße, endständige Blütenrispen

↑ Frühlingsgenuss: Holunderblüten gebacken in Pfannkuchenteig

VERWENDUNG Dieser Strauch ist unendlich vielseitig nutzbar. Seine Blüten aromatisieren Essig, Getränke wie Wasser, Limonade, Milch, Bowle, Sekt und Likör. Allgemein bekannt sind die in Pfannkuchenteig knusprig ausgebackenen Hollerküchle. Die vitaminreichen Früchte verarbeitet man zu Saft, Wein, Gelee und Marmelade. Vollreif und gekocht sind die Beeren des Schwarzen Holunders unbedenklich. Unreife und rohe, reife Früchte sollte man aber nicht essen. Sie enthalten wie Blätter und Blütenstiele Blausäureverbindungen, die sich erst beim Kochen zersetzen.

DAS SCHMECKT Knusprige Holunderblüten: Für diese Köstlichkeit taucht man die Blüten in Pfannkuchenteig und backt sie in heißem Öl aus, bis sie eine goldbraune Farbe haben. Die gebackenen Blüten schmecken mit Erdbeersoße oder einer Kugel Eis.

Traubenkirsche

Prunus padus

Wuchshöhe Laubbaum, 3–12 m hoch
Blütezeit Mai–Juni
Lebensraum Auwälder, feuchte Waldränder.
Sammeln Die reifen Früchte von Juli–August, Blüten und Blätter im Frühling.
Geschmack Das Fruchtfleisch schmeckt säuerlich bis zusammenziehend, Blüten und Blätter mandelartig.

→ VERWENDUNG Roh bieten Traubenkirschen wenig Genuss, doch zusammen mit anderen Früchten ergeben sie vorzügliche Marmeladen und Gelees. Aber vor der Verwendung sollten unbedingt die Samenkerne entfernt werden, sie enthalten giftige Blausäure. Die Blüten aromatisieren Zucker oder werden zusammen mit den Blättern als Tee aufgegossen.

Erbsengroße, bei Reife schwarzblaue Früchte, an der Spitze lange Kelchzipfel →

Felsenbirne

Amelanchier ovalis

Wuchshöhe Strauch, 1–3 m hoch
Blütezeit April–Juni
Lebensraum Steinige Hänge, sonnige Waldränder und Gebüsche.
Sammeln Die reifen, schwarzblauen Früchte im Herbst.
Geschmack Die Früchte schmecken süßlich mit einem leichten Bittermandelaroma.

→ VERWENDUNG Die Früchte der Felsenbirnen sind reich an Vitamin C und sehr saftig. Man kann sie roh essen, alleine oder in Kombination mit anderen Früchten zu Kompott, Marmelade, Saft und Sirup verarbeiten oder als Belag für Kuchen nehmen. Auch für den Ansatz eines magenfreundlichen Schnapses sind sie geeignet. Getrocknet sind sie ein guter Rosinenersatz.

Sehr ähnlich: die giftige Stechpalme – Blätter stärker gebuchtet und dornig →

Mahonie

Mahonia aquifolium

Wuchshöhe Immergrüner Strauch, 50–150 cm hoch
Blütezeit April–Mai
Lebensraum Als Zierstrauch kultiviert, verwildert in Hecken, an Waldsäumen.
Sammeln Die reifen Beeren, Fruchtreife September–November.
Geschmack Die Früchte schmecken herb-säuerlich, erinnern an Schwarze Johannisbeeren.

VERWENDUNG Die Vitamin-C-reichen Beerenfrüchte können zu Saft, Marmeladen, Kompotten, Sorbets und anderen süßen Desserts, aber auch zu pikanten Soßen und Chutneys, Wein und Likör verarbeitet werden. Hierfür werden sie gekocht und durch ein Sieb gestrichen, um die leicht giftigen Samenkerne zu entfernen.

Die giftige Rauschbeere: Fruchtfleisch farblos, Stängel rund, Blätter ganzrandig →

Heidelbeere · Blaubeere

Vaccinium myrtillus

Wuchshöhe Zwergstrauch, 15–50 cm hoch
Blütezeit Mai–Juni
Lebensraum Nadelwälder, Heiden.
Sammeln Die Blätter von April–Mai. Die Früchte im August/September, wenn sie blauschwarz und reif sind und nicht mit der rotfrüchtigen Preiselbeere im gleichen Lebensraum verwechselt werden können.
Geschmack Die Blätter schmecken herb-säuerlich, die Früchte süß.

→ VERWENDUNG Blätter und Blüten eignen sich gut für Teemischungen. Die aromatischen Beeren schmecken am besten frisch vom Strauch. In der Küche verarbeitet man sie zu Marmelade, in roter Grütze, auf Kuchen, in Eis, Fruchtsuppen und Fruchtsoßen.

Kräftige Dornen: beim Ernten immer Handschuhe tragen →

Schlehe · Schwarzdorn

Prunus spinosa

Wuchshöhe Dorniger Strauch, 1–3 m hoch
Blütezeit März–April
Lebensraum Wald-, Feld- und Wegränder, Hecken.
Sammeln Fruchternte am besten von Oktober–Dezember, Blätter und Blüten im Frühling.
Geschmack Blätter und Blüten schmecken säuerlich-mandelartig, die Früchte ohne Frosteinwirkung sehr sauer. Erst nach dem Einfrieren werden sie milder.

→ VERWENDUNG In der Wildfrüchteküche nutzt man Schlehen meist gekocht oder getrocknet. Sie werden zu Marmelade, Chutneys, Säften, Likör und Wein verarbeitet, oft in Kombination mit Äpfeln, Birnen oder Zwetschgen. Blätter und Blüten nutzt man für Teemischungen.

Blätter oberseits grün, unten weißfilzig behaart, Blattstiel mit Stacheln besetzt →

Brombeere

Rubus fruticosus

Wuchshöhe Stacheliger Strauch mit bogenförmig überhängenden Zweigen, 1–3 m hoch
Blütezeit Mai–Juli
Lebensraum Waldränder, Hecken.
Sammeln Junge Blätter und Blüten, reife Früchte. Fruchtreife August–Oktober.
Geschmack Die reifen Früchte schmecken aromatisch, fruchtig- süß, die Blätter erinnern im Geschmack an Äpfel.

→ VERWENDUNG Reife Brombeeren schmecken am besten frisch, etwa in Joghurt, Quark oder Fruchtsalat. Aber sie werden auch zu Saft, Sirup, Marmelade, Essig, Wein und Likör verarbeitet. Getrocknete Blätter, Blüten und Früchte sind in vielen Haus- und Frühstückstees enthalten.

Typisch: der säulenförmige, oft mehrstämmige Wuchs →

Heide-Wacholder

Juniperus communis

Wuchshöhe Immergrüner, säulenförmiger Baum, 3–10 m hoch
Blütezeit April– Mai
Lebensraum Trockene Kiefernwälder, Heiden.
Sammeln Die reifen Früchte. Fruchtreife Oktober–November.
Geschmack Wacholderbeeren schmecken würzig – mit süßlichen Noten und bitteren Nuancen.

Vorsicht: Der Heide-Wacholder ähnelt dem hochgiftigen Sadebaum (Juniperus sabina), der wild bei uns nur in den Alpen vorkommt, sich aber als Garten- und Friedhofsbaum großer Beliebtheit erfreut. Bereits kleine Mengen seiner Beeren rufen bei Mensch und Tier irreversible Lähmungen mit tödlichem Ausgang hervor. Daher sollte den Wacholder

↑ Für einen Tee die Beeren vor dem Überbrühen leicht quetschen

↑ Lebensbedrohlich giftig: der Sade-Baum

in der Natur nur sammeln, wer ihn zweifelsfrei bestimmen kann. Ansonsten gilt: »Finger weg!«

→ VERWENDUNG Reife Wacholderbeeren werden frisch oder getrocknet verwendet. Frische Beeren ergeben, zerdrückt und mit weicher Butter verrührt, einen pikanten Brotaufstrich. Getrocknet passen sie sehr gut in Fleisch- und Wildmarinaden, zu herzhaftem Rind- und Schweinefleisch, Sauerkraut, Rot- und Weißkohl. Aber sie sollten nicht in zu großen Mengen verzehrt werden, sonst reizen sie Magen und Nieren.

→ DAS SCHMECKT Schweinekoteletts werden wunderbar herzhaft, wenn man sie vor dem Braten für etwa 3 Stunden in einer Marinade aus Olivenöl, zerstoßenen Wacholderbeeren, zerdrücktem Knoblauch, Salz und Pfeffer ziehen lässt.

Blätter beiderseits mit 3–4 spitzen, tief eingeschnittenen Lappen →

Elsbeere

Sorbus torminalis

Wuchshöhe Laubbaum, 10–20 m hoch
Blütezeit Mai–Juni
Lebensraum Wärmeliebende Eichenmischwälder, Gebüsche.
Sammeln Elsbeeren reifen ab September, gesammelt werden sie am besten nach dem ersten Frost. Dann hat sich ihr sauer adstringierender Geschmack in ein süßes Birnenaroma gewandelt.
Geschmack Die Früchte schmecken herb mit einem birnenähnlichen Aroma.

→ VERWENDUNG Die bei Reife weichen Früchte kann man roh essen, sie schmecken aber v. a. als Zusatz in Marmeladen und Kompott. Dafür werden sie gekocht und die Kerne anschließend durch ein Passiergerät entfernt. Getrocknet sind sie eine beliebte Beigabe in Teemischungen. Der Saft der Elsbeeren klärt Apfel- und Birnenmost und verfeinert ihn im Geschmack.

Frucht braunrot, kugelig, mit langen Kelchblattresten an der Spitze

Mispel

Mespilus germanica

Wuchshöhe Sommergrüner Strauch oder kleiner Baum, 4–6 m hoch
Blütezeit Mai–Juni
Lebensraum Obstbaum aus Südosteuropa, wächst verwildert in warmen, trockenen Eichenmischwäldern, an Waldrändern, in Gebüschen.
Sammeln Mispeln sammelt man am besten im Spätherbst. Die braunen Früchte sind erst überreif genießbar, entweder nach den ersten Nachtfrösten oder nach längerer Lagerung im Haus.
Geschmack Mispeln schmecken bei Reife ähnlich wie Aprikosen.

→ VERWENDUNG Diese alte, heute fast vergessene Wildfrucht kann man roh genießen oder zu Marmelade, Kompott, Chutneys, Obstwein und Likör verarbeiten.

Fraßloch vom Haselnussbohrer – solche Nüsse aussortieren →

Haselnuss

Corylus avellana

Wuchshöhe Sommergrüner Strauch, 2–6 m hoch
Blütezeit Februar–März
Lebensraum Wächst häufig an Waldrändern, in Hecken.
Sammeln Die Blätter sammelt man im Frühling, die Nüsse im Herbst. Je nach Standort reifen Haselnüsse im August/September. Sie können bis in den Winter gesammelt werden.
Geschmack Die Blätter schmecken stumpf-erdig, die Nüsse natürlich nussig.

→ VERWENDUNG Haselnüsse werden roh gegessen oder getrocknet, geröstet und gemahlen zur Herstellung von Brotaufstrichen, Kuchen, Pudding und vielem mehr verarbeitet. So ist Weißbrot mit Haselnussbutter, verfeinert mit Tomaten, Knoblauch und Petersilie, eine pikante Vorspeise zu Rotwein. Die Blätter liefern, mit Schokolade überzogen, eine feinherbe Nascherei.

Hellgrün, weich und flaumig behaart: junge Buchenblätter →

Rotbuche

Fagus sylvatica

Wuchshöhe Bis zu 40 m hoher Laubbaum
Blütezeit April–Mai
Lebensraum Häufiger Baum der Laubwälder.
Sammeln Die zarten Frühlingsblätter erntet man am besten im Mai. Sie schmecken besonders gut im Salat, wenn sie sich gerade aus der Knospe entfaltet haben. Die rotbraunen Früchte (Bucheckern) reifen ab September.
Geschmack Bucheckern schmecken geröstet wie Mandeln, die Blätter erinnern im Geschmack an Sauerampfer.

→ VERWENDUNG Bucheckern sind in größeren Mengen roh gegessen unverträglich. Geschält und geröstet sind sie dagegen bekömmlich. Man kann sie wie Nüsse über Salate streuen und in Gebäck verwenden. Junge Blätter schmecken roh fein geschnitten in Quark und Frischkäse.

Register

A
Achillea millefolium 28
Aegopodium podagraria 18
Alliaria petiolata 10
Allium oleraceum 62
– schoenoprasum 63
– ursinum 24
Amelanchier ovalis 111
Anthriscus sylvestris 19
Arctium lappa 65
Armoracia rusticana 9
Artemisia vulgaris 50

B
Bachbunge 73
Bachbungen-Ehrenpreis 73
Barbarakraut 35
Barbarea vulgaris 35
Bärlauch24
Beifuß 50
Bellis perennis 25
Blaubeere 113
Blutweiderich 64
Borago officinalis 74
Borretsch 74
Braunelle, Kleine 81
Brennnessel, Große 86
Brombeere 115
Brunnenkresse 14

C
Capsella bursa-pastoris 8
Cardamine amara 15
– pratensis 72
Carum carvi 21
Chenopodium album 91
– bonus-henricus 88
Cichorium intybus 76
Cirsium oleraceum 45
Cornus mas 103
Corylus avellana 120
Crataegus laevigata 101
Cyanus segetum 77

D
Daucus carota 20
Dost 66
Duftveilchen 82

E
Eberesche 94
Elsbeere 118
Epilobium angustifolium 55
Erdbirne 48

F
Fagus sylvatica 121
Feldthymian 67
Felsenbirne 111
Filipendula ulmaria 23
Fragaria vesca 106
Franzosenkraut 29

G
Galinsoga parviflora 29
Galium mollugo 13
– odoratum 12
Gänseblümchen 25
Gänsefingerkraut 36
Gänsefuß, Weißer 91
Giersch 18
Gilbweiderich 39
Glechoma hederacea 78
Gundermann 78

H/J
Haselnuss 120
Heide-Wacholder 116
Heidelbeere 113
Heinrich, Guter 88
Helianthus tuberosus 48
Himbeere, Wilde 107
Hippophae rhamnoides 95
Hirtentäschel 8
Holunder, Schwarzer 108
Holzapfel 96
Holzbirne 97
Hopfen, Wilder 90
Huflattich 47
Humulus lupulus 90
Hundsrose 98
Hypericum perforatum 37
Juniperus communis 116

K
Kamille, Echte 26
Klatschmohn 54
Klette, Große 65
Knoblauchsrauke 10
Knopfkraut, Kleinblütiges 29
Kohlgänsedistel 44
Kohlkratzdistel 45

Kohllauch 62
Königskerze, Großblütige 40
Kornblume 77
Kornelkirsche 103

L
Lamium album 30
Lapsana communis 51
Löwenzahn 42
Lungenkraut 75
Lysimachia nummularia 38
– vulgaris 39
Lythrum salicaria 64

M
Mädesüß 23
Mahonia aquifolium 112
Mahonie 112
Majoran, Wilder 66
Malus sylvestris 96
Malva sylvestris 60
Malve, Wilde 60
Märzveilchen 82
Matricaria recutita 26
Meerrettich 9
Mehlbeere 100
Mentha aquatica 56
Mespilus germanica 119
Mispel 119
Möhre, Wilde 20
Myrrhis odorata 22

N
Nachtkerze 34
Nasturtium officinale 14

O
Oenothera biennis 34
Origanum vulgare 66
Oxalis acetosella 17

P
Papaver rhoeas 54
Pastinaca sativa 41
Pfennigkraut 38
Plantago lanceolata 89
Polygonum aviculare 61
Potentilla anserine 36
Preiselbeere 104
Prunella vulgaris 81
Prunus avium 102
– padus 110
– spinosa 114
Pulmonaria officinalis 75
Pyrus pyraster 97

Q
Queller 85
Quendel 67

R
Rainkohl 51
Ranunculus ficaria 46
Rosa canina 98
Rotbuche 121
Rotklee 68
Rubus fruticosus 115
– idaeus 107
Rumex acetosa 58

S
Salicornia europaea 85
Salvia pratensis 80
Sambucus nigra 108
Sanddorn 95
Sanguisorba minor 59
Sauerampfer 58
Scharbockskraut 46
Schaumkraut, Bitteres 15
Schlehe 114
Schnittlauch, Wilder 63
Schwarzdorn 114
Sonchus oleraceus 44
Sorbus aria 100
– aucuparia 94
– torminalis 118
Spitzwegerich 89
Stellaria media 16
Süßdolde 22

T
Taraxacum sect. Ruderalia 42
Taubnessel, Weiße 30
Thymus pulegioides 67
Topinambur 48
Tragopogon pratensis 49
Traubenkirsche 110
Trifolium pratense
Tüpfel-Johanniskraut 37
Tussilago farfara 47

U/V
Urtica dioica 86
Vaccinium myrtillus 113
– vitis-idaea 104
Verbascum densiflorum 40
Veronica beccabunga 73

Viola odorata 82
Vogelbeere 94
Vogelkirsche 102
Vogelknöterich 61
Vogelmiere 16

W
Walderdbeere 106
Waldmeister 12
Waldsauerklee 17
Wasserminze 56
Wegwarte 76
Weidenröschen, Schmalblättriges 55
Weißdorn, Zweigriffliger 101
Wiesenbocksbart 49
Wiesenkerbel 19
Wiesenknopf, Kleiner 59
Wiesenkümmel 21
Wiesen-Labkraut 13
Wiesenpastinak 41
Wiesensalbei 80
Wiesenschafgarbe 28
Wiesenschaumkraut 72
Wildapfel 96
Wildbirne 97

Bildnachweis

Fotos: **Ian Alexander** (1): 44 groß; **Heiko Bellmann/Frank Hecker** (12): 14 groß, 40 groß, 46 groß, 47 groß, 62 groß, 66 klein, 72 klein, 75 klein, 80 klein, 82 groß, 100 groß, 112 klein; **Blickwinkel über Hecker** (8): 29 klein, 48 groß, 62 klein, 63 groß, 65 groß, 85 klein, 88 klein, 96 klein. **Frank Hecker** (189): 5, 8 beide, 9 beide, 10 beide, 11 beide, 12 beide, 13 beide, 14 klein, 15 beide, 16 beide, 17 beide, 18 beide, 19 beide, 20 beide, 21 beide, 22 beide, 23 beide, 24 beide, 25 beide, 26 beide, 27 beide, 28 beide, 29 groß, 30 beide, 31 beide, 34 beide, 35 beide, 36 beide, 37 beide, 38 beide, 39 beide, 40 klein, 41 beide, 42 beide, 43 beide, 45 beide, 46 klein, 47 klein, 48 klein, 49 beide, 50 beide, 51 beide, 54 beide, 55 beide, 56 beide, 57 beide, 58 beide, 59 beide, 60 beide, 61 beide, 63 klein, 64 beide, 65 klein, 66 groß, 67 beide, 68 beide, 69 beide, 72 groß, 73 beide, 74 beide, 75 groß, 76 beide, 77 beide, 78 beide, 79 beide, 80 groß, 81 beide, 82 klein, 83 links, 85 groß, 86 beide, 87 beide, 88 groß, 89 beide, 90 beide, 91 beide, 93, 94 beide, 95 beide, 96 groß, 97 beide, 98 beide, 99 beide, 100 klein, 101 beide, 102 beide, 103 beide, 104 beide, 105 beide, 106 beide, 107 beide, 108 beide, 109 beide, 110 beide, 111 beide, 112 groß, 113 beide, 114 beide, 115 beide, 116 beide, 117 beide, 118 beide, 119 beide, 120 beide, 121 beide; **shutterstock/Madelaine Steinbach** (1): 83 re; **Vinayaraj** (1): 44 klein.

Illustrationen: **shutterstock** (3): Umschlagklappe vorne innen links und rechts oben; 2–4; **Stefanie Wawer** (2): Umschlagklappe vorne innen rechts unten, 5; **Marianne Golte-Bechtle/Kosmos** (16): 6–7, 32, 33 o, 52 o, 53 o, 53 u, 70, 71 o, 71 u, 84, 92 o, 93 o, 128) **Sigrid Haag/Kosmos** (4): 33 u, 71 M, 92 u, 93 u, **Roland Spohn** (1): 52 u und **Wolfgang Lang** (25): Umschlagklappen hinten links und rechts.

Impressum

Umschlaggestaltung: GRAMISCI Editorial Design (Claudia Geffert), München, unter Verwendung eines Farbfotos von 123rf/cargol. Das Bild zeigt eine Brombeere.
Die Illustrationen auf der Umschlagklappe vorne außen sowie das Foto auf der Umschlagklappe vorne innen links stammen aus dem Innenteil.

Mit 212 Farbfotos und 52 Illustrationen.

ISBN 978-3-440-17392-3
Projektleitung: Claudia Salata
Redaktion und Satz: Barbara Kiesewetter, Redaktionsbüro, München
Produktion: Markus Schärtlein
Gestaltungskonzept: GRAMISCI Editorial Design (Claudia Geffert), München
Druck und Bindung: Friedrich Pustet GmbH & Co. KG, Regensburg
Printed in Germany / Imprimé en Allemagne